海洋微塑料图鉴
——海洋中的 PM2.5

姚子伟　张守锋　鞠茂伟　丁　丽　曲　玲　编著

海洋出版社

2020年·北京

图书在版编目（CIP）数据

海洋微塑料图鉴：海洋中的PM2.5 / 姚子伟等编著.
— 北京：海洋出版社, 2020.11
ISBN 978-7-5210-0676-6

Ⅰ. ①海… Ⅱ. ①姚… Ⅲ. ①塑料垃圾－海洋污染－
污染防治－图集 Ⅳ. ①X705-64②X55-64

中国版本图书馆CIP数据核字(2020)第216751号

HAIYANG WEISULIAO TUJIAN
—— HAIYANG ZHONG DE PM2.5

责任编辑：苏　勤
责任印制：赵麟苏

海洋出版社 出版发行
http://www.oceanpress.com.cn
北京市海淀区大慧寺路8号　　邮编：100081
北京朝阳印刷厂有限责任公司印刷　　新华书店北京发行所经销
2020年11月第1版　　2020年11月第1次印刷
开本：889mm×1194mm　　1／16　　印张：10
字数：60千字　　定价：298.00元
发行部：62132549　　邮购部：68038093　　总编室：62114335
海洋版图书印、装错误可随时退换

序

海洋微塑料是指海洋环境中粒径小于 5 mm 的塑料，是近年来广受关注的新兴全球性海洋环境污染物，被科学家称为海洋中的"PM2.5"。按照形状，微塑料可分为线、纤维、颗粒、片、薄膜、泡沫、原料树脂等。按来源可分为原生微塑料和次生微塑料。原生微塑料是指有目的制造的粒径小于 5 mm 的塑料，次生微塑料是海洋中较大的塑料在风力、海浪、紫外线等作用下分解形成的小块塑料。

微塑料已遍布整个海洋生态系统，从近岸海滩、河口到近海，甚至大洋、极地和深海都发现微塑料的存在。据估算，全球海面上漂浮着约 5.25 万亿颗塑料颗粒，约合 26.9 万吨。微塑料可向海水释放有毒有害添加物质，同时又可以富集海水中的重金属、持久性有机污染物和微生物等。海洋生物摄食后可导致消化道损伤、降低摄食活性、干扰内分泌系统、影响生长发育、生殖能力，甚至导致个体死亡等一系列负面效应，并能通过生物富集和生物放大作用使有毒有害物质随食物链传递。2014 年联合国环境规划署报告称，海洋中大量的塑料垃圾每年给海洋生态系统造成的经济损失高达 130 亿美元，并将海洋塑料污染列为近十年中最值得关注的十大紧迫环境问题之一，提出海洋微塑料污染亟待关注和研究。Nature 刊文呼吁将其作为重要的有害物质加以关注。

我国自 2016 年起开展近岸海域微塑料监测工作，监测结果发布于每年的《中国海洋环境状况公报》。2017 年，海洋微塑料监测拓展到极地和大洋。

海洋微塑料监测是向社会公众和决策者揭示微塑料的污染程度，进而给出针对性管理措施的基础性支撑工作。开展微塑料污染监测和研究有利于掌握我国海洋微塑料的时空分配格局和动态特征，为实施微塑料污染源头控制与管理提供数据支撑，为相关政策和法律的制定等提供科学依据。同时，为应对海洋垃圾跨界污染、全球海洋环境领域的外交谈判提供有力的技术支持。

为向微塑料研究领域学者和兴趣爱好者展示微塑料的微观世界，特编制此图册，供大家品鉴。

中国工程院院士：

2020 年 10 月

海洋微塑料图鉴

—— 海洋中的 PM2.5

目录

海洋微塑料图鉴

—— 海洋中的 PM2.5

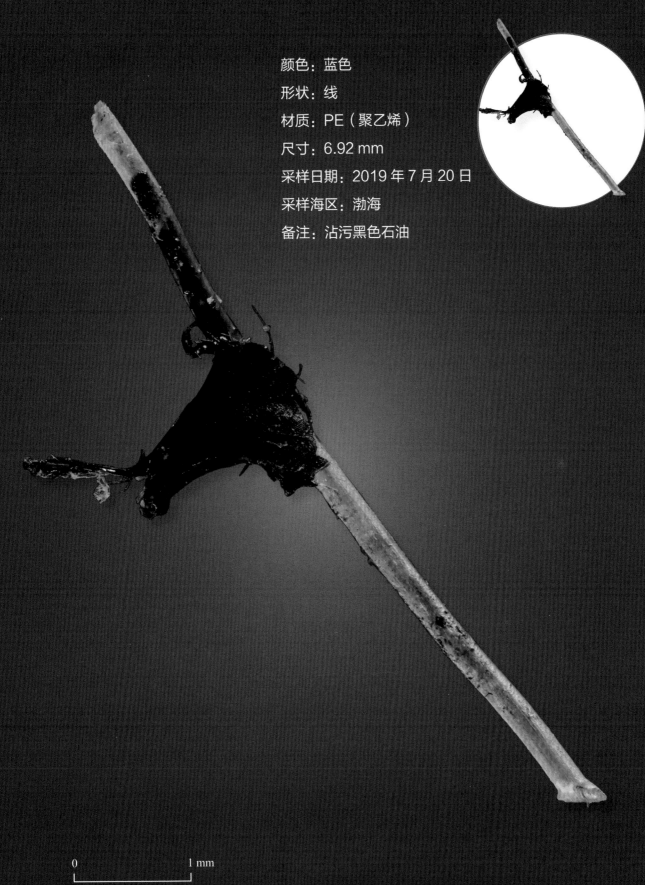

颜色：蓝色

形状：线

材质：PE（聚乙烯）

尺寸：6.92 mm

采样日期：2019 年 7 月 20 日

采样海区：渤海

备注：沾污黑色石油

海洋微塑料图鉴 | 海洋中的 PM2.5 |

0　　　　　　　1 mm

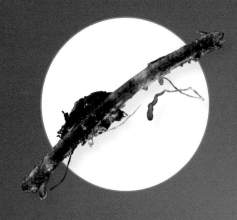

颜色：半透明

形状：线

材质：PE

尺寸：3.90 mm

采样日期：2019 年 7 月 20 日

采样海区：渤海

备注：沾污黑色石油

0   1 mm

颜色：绿色

形状：线

材质：PE

尺寸：7.46 mm

采样日期：2019 年 7 月 20 日

采样海区：渤海

0   1 mm

颜色：半透明

形状：线

材质：PE

尺寸：5.96 mm

采样日期：2018 年 11 月

采样海区：黄海

0   1 mm

颜色：绿色

形状：线

材质：PE

尺寸：2.06 mm

采样日期：2018 年 11 月

采样海区：黄海

海洋微塑料图鉴 ｜ 海洋中的 PM2.5

0   1 mm

颜色：绿色

形状：线

材质：PE

尺寸：4.00 mm

采样日期：2019 年 7 月 20 日

采样海区：渤海

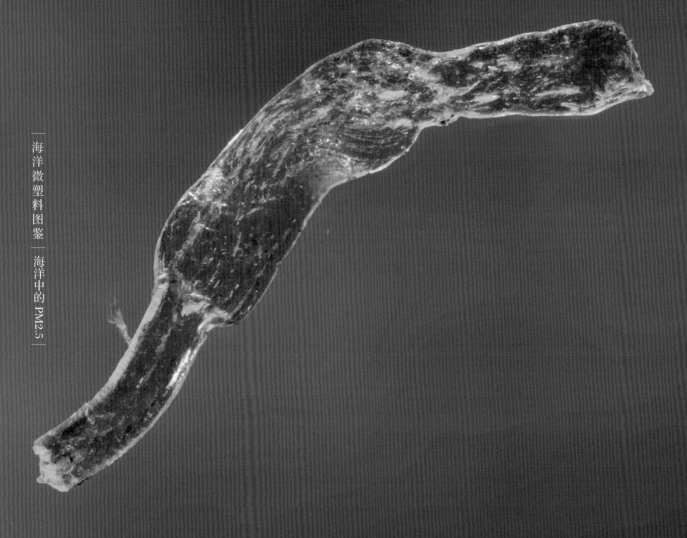

0   1 mm

颜色：蓝色

形状：线

材质：PE

尺寸：5.85 mm

采样日期：2017 年 6 月

采样海区：黄海

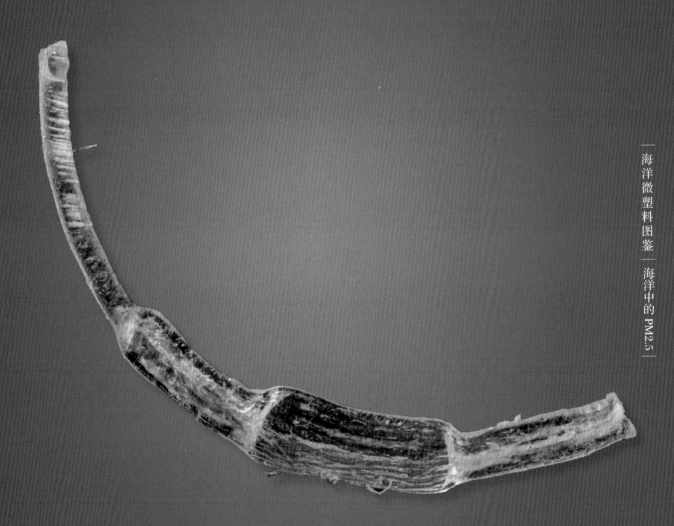

0   1 mm

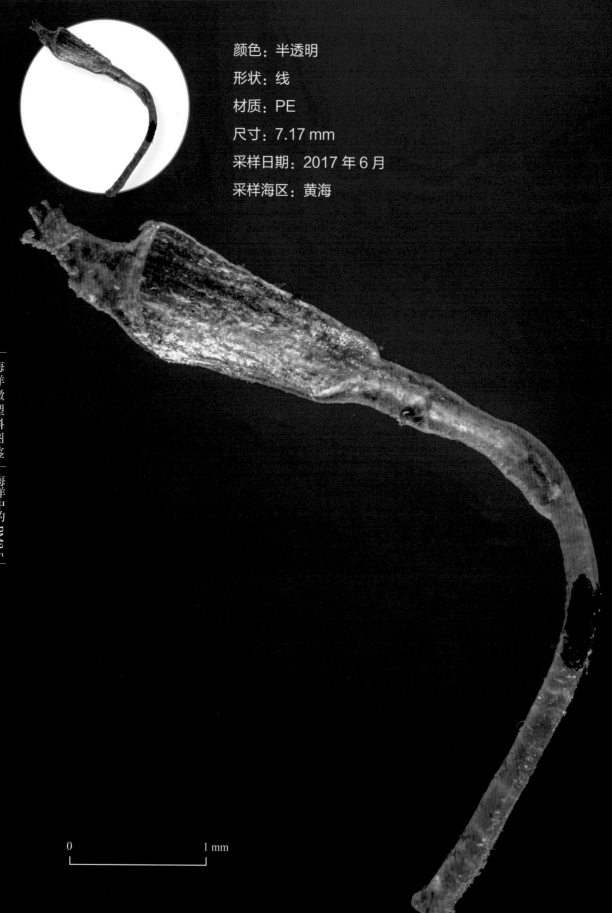

颜色：半透明

形状：线

材质：PE

尺寸：7.17 mm

采样日期：2017 年 6 月

采样海区：黄海

0　　　　　　1 mm

颜色：透明

形状：线

材质：PE

尺寸：5.16 mm

采样日期：2018 年 9 月

采样海区：黄海

颜色：蓝色

形状：线

材质：PE

尺寸：4.05 mm

采样日期：2018 年 11 月

采样海区：黄海

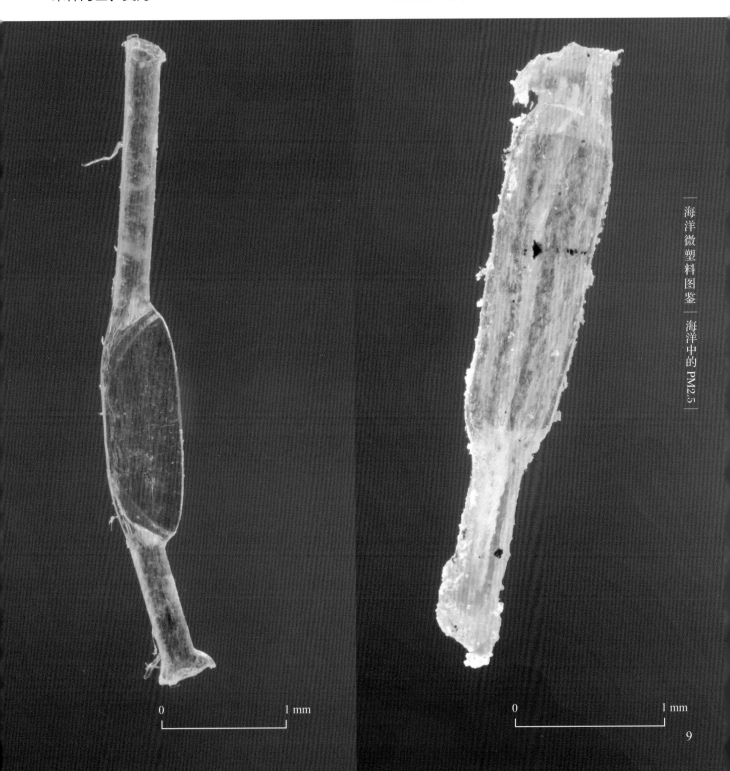

0　　　　　　　1 mm

0　　　　　　　1 mm

颜色：半透明

形状：线

材质：PE

尺寸：3.88 mm

采样日期：2017 年 6 月

采样海区：黄海

0　　　　　　　　1 mm

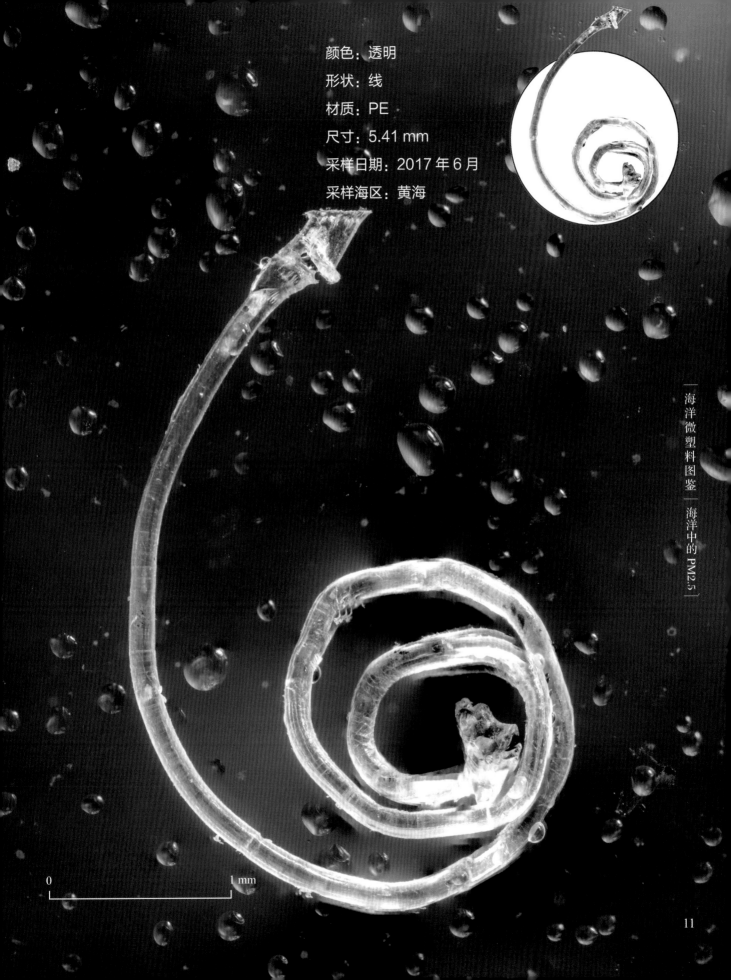

颜色：透明

形状：线

材质：PE

尺寸：5.41 mm

采样日期：2017 年 6 月

采样海区：黄海

海洋微塑料图鉴 | 海洋中的 PM2.5

0   1 mm

颜色：黄色、透明

形状：线

材质：PE

尺寸：3.07 mm

采样日期：2019 年 6 月

采样海区：黄海

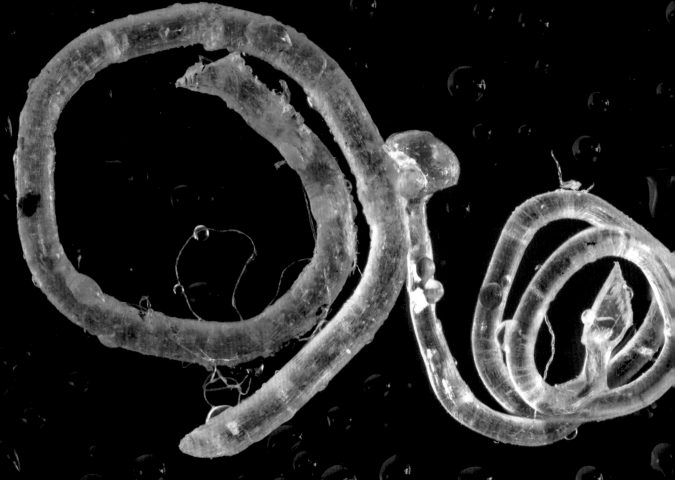

0   0.5 mm

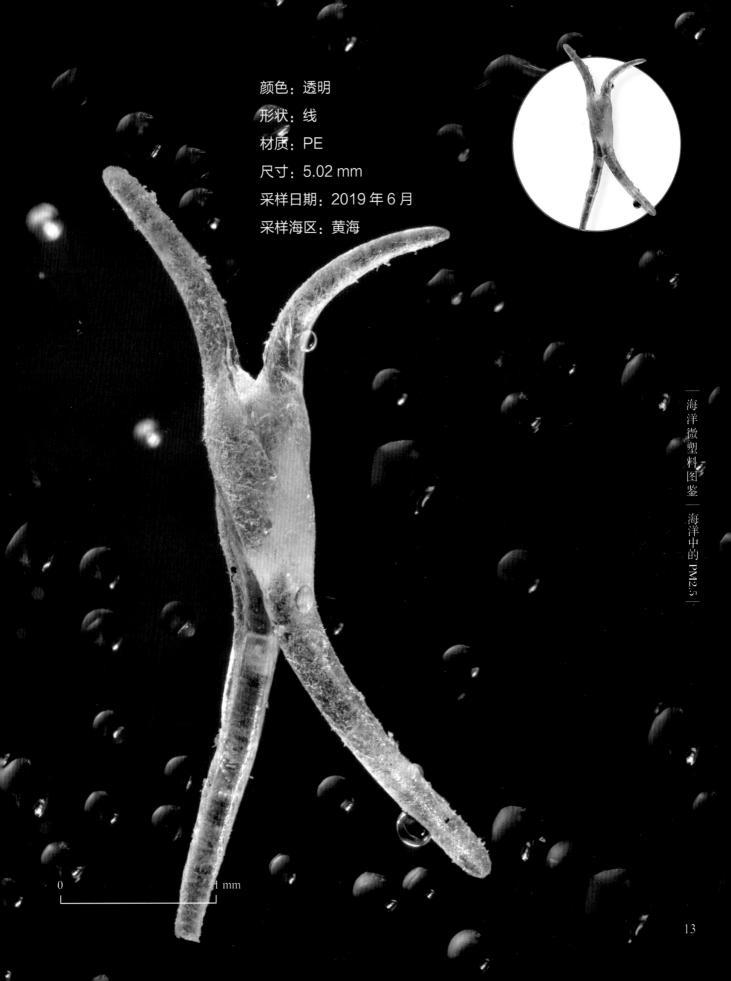

颜色：透明

形状：线

材质：PE

尺寸：5.02 mm

采样日期：2019 年 6 月

采样海区：黄海

0　　　　　　　1 mm

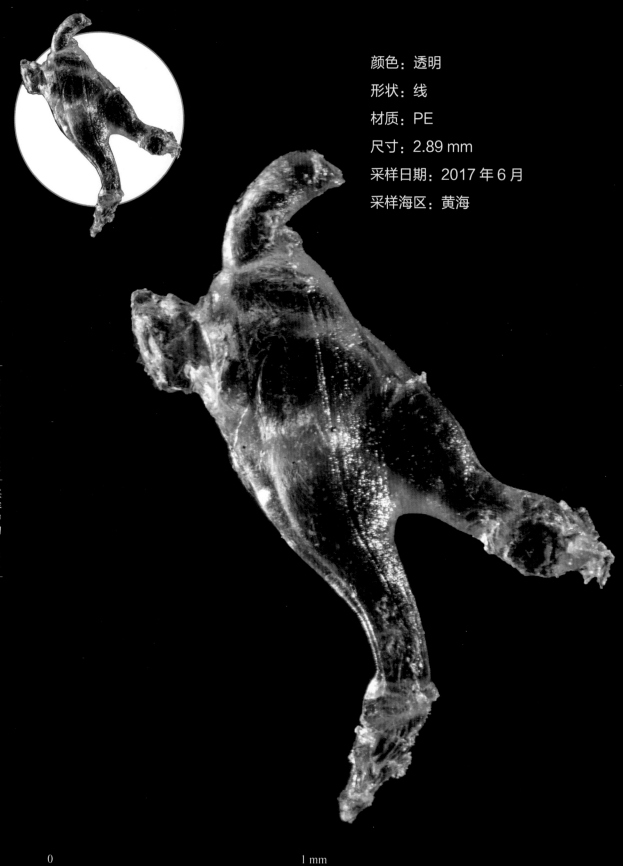

颜色：透明

形状：线

材质：PE

尺寸：2.89 mm

采样日期：2017 年 6 月

采样海区：黄海

0   1 mm

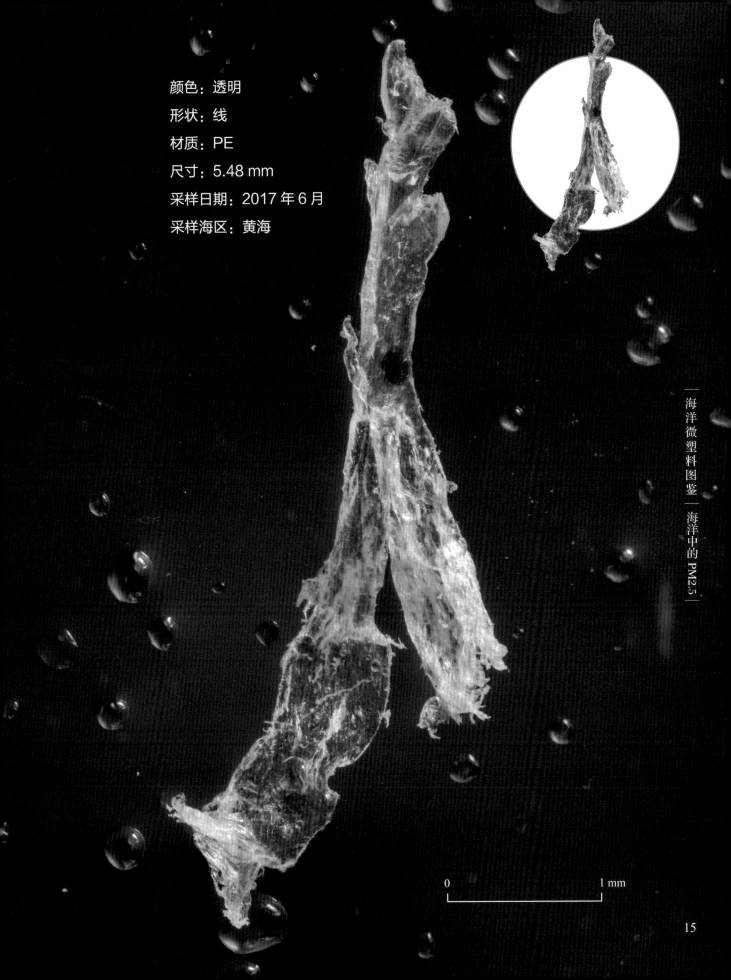

颜色：透明

形状：线

材质：PE

尺寸：5.48 mm

采样日期：2017 年 6 月

采样海区：黄海

海洋微塑料图鉴 | 海洋中的 PM2.5

0　　　　　　　　　1 mm

颜色：半透明

形状：线

材质：PE

尺寸：5.45 mm

采样日期：2017 年 6 月

采样海区：黄海

海洋微塑料图鉴 ｜海洋中的 PM2.5 ｜

0　　　　　　1 mm

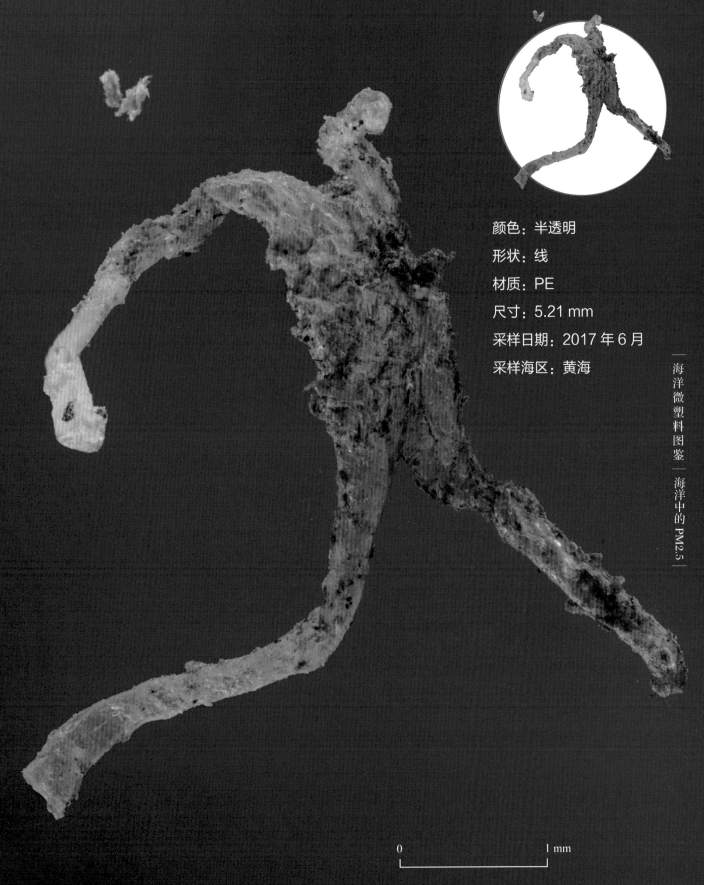

颜色：半透明

形状：线

材质：PE

尺寸：5.21 mm

采样日期：2017 年 6 月

采样海区：黄海

0   1 mm

颜色：半透明

形状：线

材质：PE

尺寸：5.42 mm

采样日期：2017 年 6 月

采样海区：黄海

0   1 mm

颜色：半透明

形状：线

材质：PE

尺寸：5.67 mm

采样日期：2017 年 6 月

采样海区：黄海

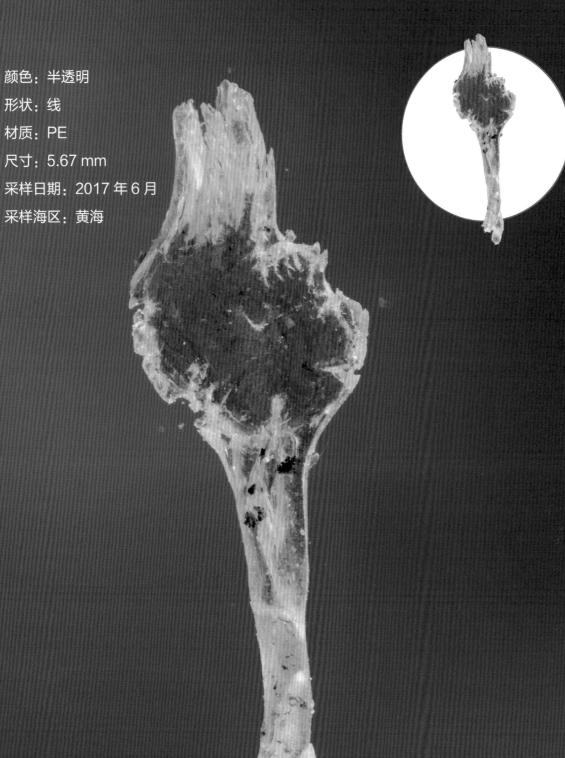

0   1 mm

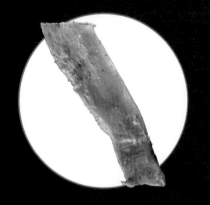

颜色：半透明、黄色

形状：线

材质：PE

尺寸：3.55 mm

采样日期：2017 年 6 月

采样海区：黄海

0   1 mm

颜色：黄色

形状：线

材质：PE

尺寸：4.57 mm

采样日期：2017 年 6 月

采样海区：黄海

0   1 mm

颜色：紫色

形状：线

材质：PE

尺寸：2.92 mm

采样日期：2019 年 7 月 28 日

采样海区：渤海

0   1 mm

颜色：蓝色

形状：线

材质：PE

尺寸：4.64 mm

采样日期：2019 年 7 月 20 日

采样海区：渤海

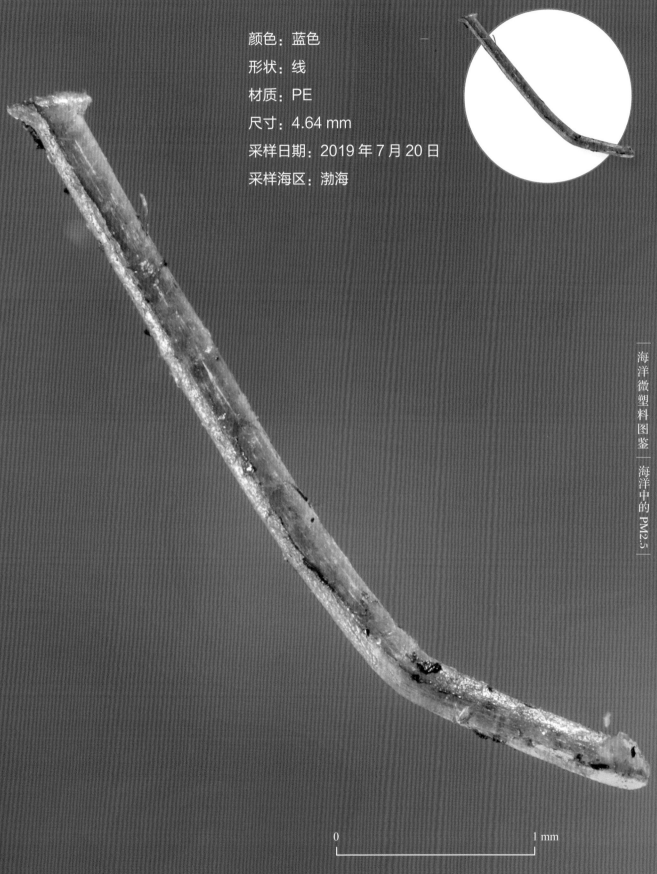

0   1 mm

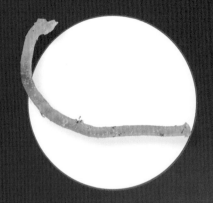

颜色：蓝色

形状：线

材质：PE

尺寸：6.00 mm

采样日期：2017 年 6 月

采样海区：黄海

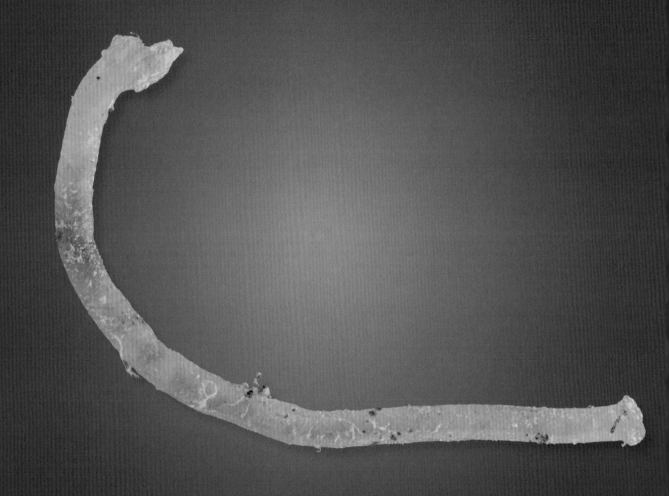

0   1 mm

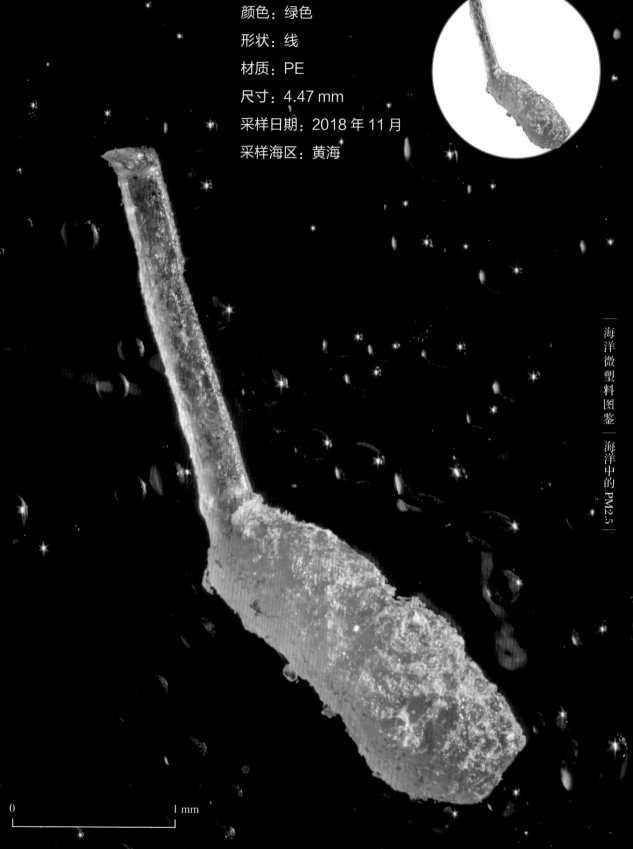

颜色：绿色

形状：线

材质：PE

尺寸：4.47 mm

采样日期：2018 年 11 月

采样海区：黄海

0　　　　　　　　　1 mm

颜色：白色

形状：线

材质：PP（聚丙烯）

尺寸：5.26 mm

采样日期：2017 年 6 月

采样海区：黄海

0　　　　　　　1 mm

颜色：半透明

形状：线

材质：PP

尺寸：2.63 mm

采样日期：2018 年 9 月

采样海区：黄海

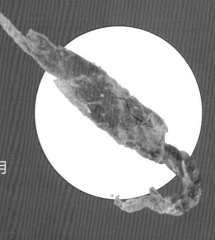

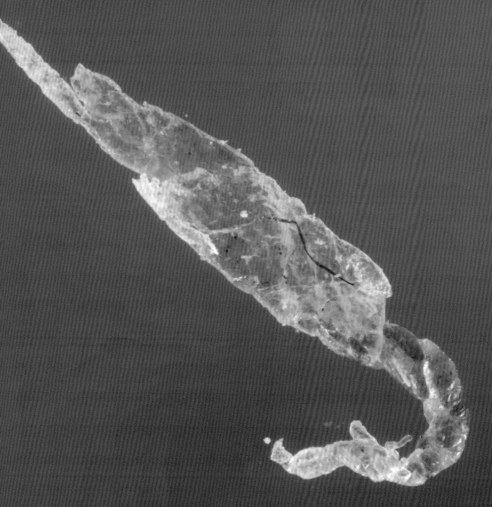

0   1 mm

颜色：绿色

形状：线

材质：PP

尺寸：2.17 mm

采样日期：2017 年 6 月

采样海区：黄海

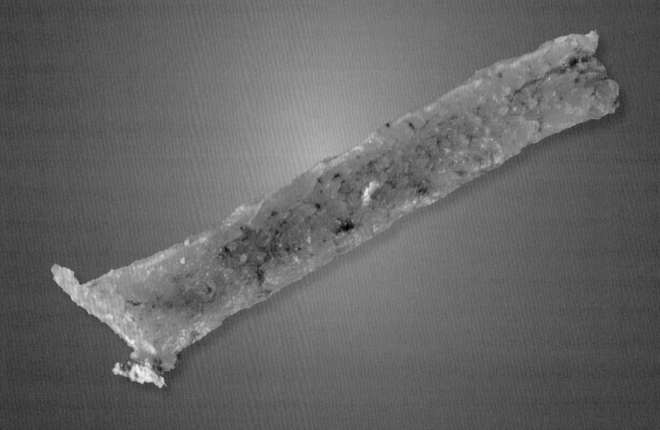

0   1 mm

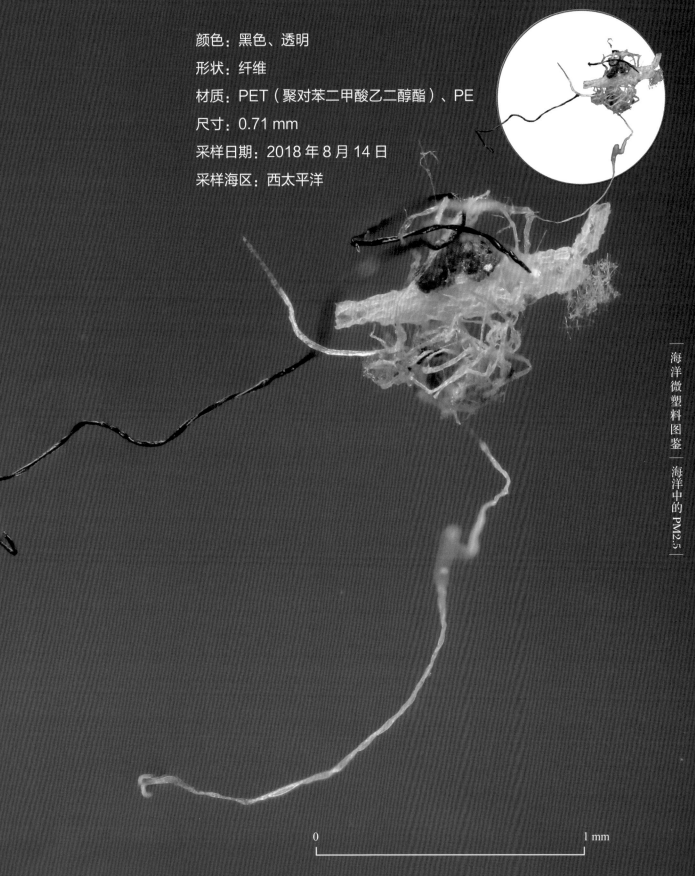

颜色：黑色、透明

形状：纤维

材质：PET（聚对苯二甲酸乙二醇酯）、PE

尺寸：0.71 mm

采样日期：2018 年 8 月 14 日

采样海区：西太平洋

海洋微塑料图鉴｜海洋中的 PM2.5

0   1 mm

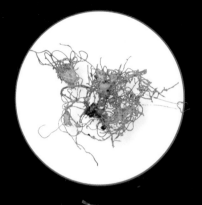

颜色：透明、白色

形状：纤维

材质：PET、PE

尺寸：4.53 mm

采样日期：2018 年 8 月 10 日

采样海区：西太平洋

海洋微塑料图鉴 │ 海洋中的 PM2.5 │

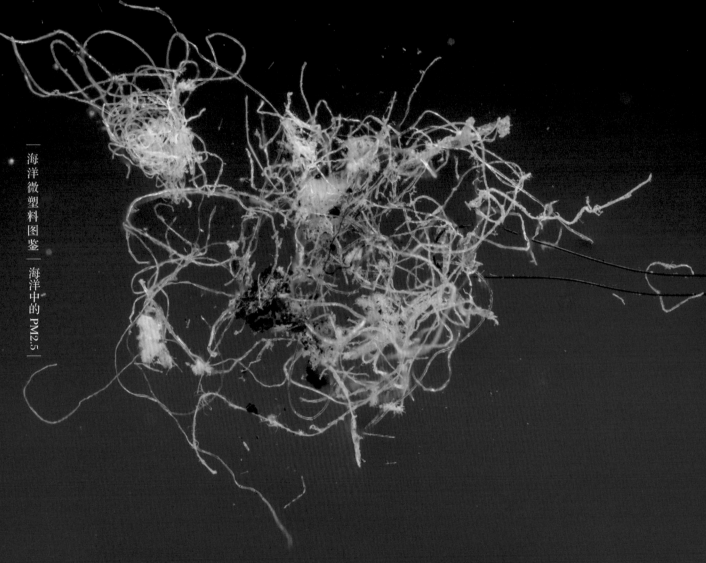

0   1 mm

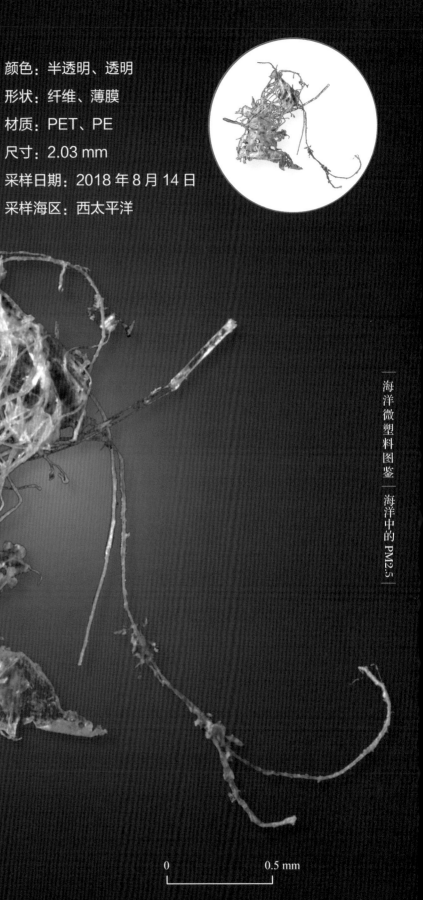

颜色：半透明、透明

形状：纤维、薄膜

材质：PET、PE

尺寸：2.03 mm

采样日期：2018 年 8 月 14 日

采样海区：西太平洋

海洋微塑料图鉴 | 海洋中的 PM2.5

0　　　　　0.5 mm

颜色：透明、半透明

形状：纤维、颗粒

材质：PET、PE

尺寸：1.51 mm

采样日期：2018 年 8 月 14 日

采样海区：黄海

海洋微塑料图鉴 | 海洋中的 PM2.5

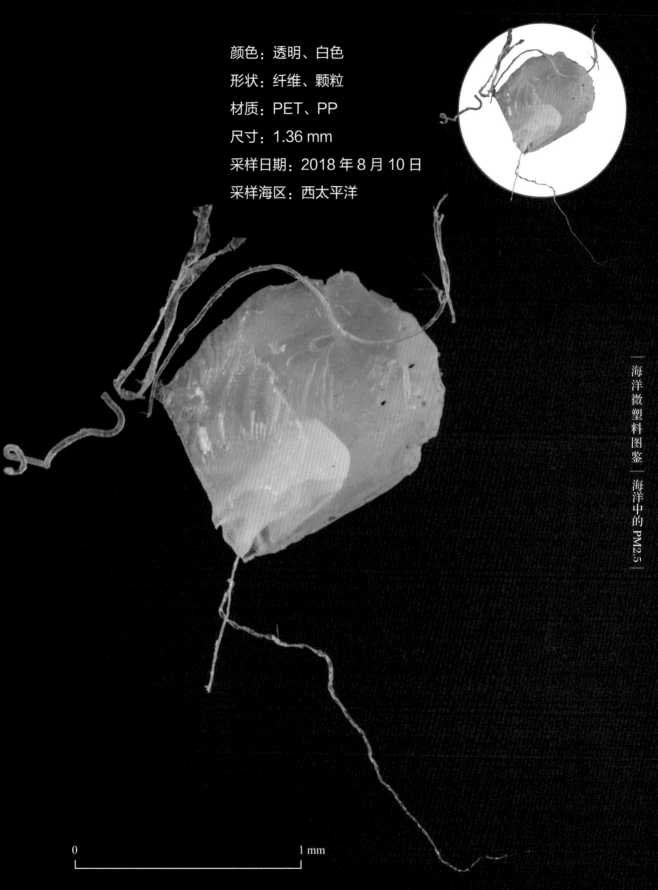

颜色：透明、白色

形状：纤维、颗粒

材质：PET、PP

尺寸：1.36 mm

采样日期：2018 年 8 月 10 日

采样海区：西太平洋

海洋微塑料图鉴｜海洋中的 PM2.5

0   1 mm

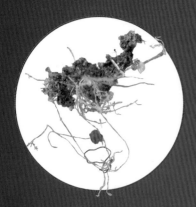

颜色：透明、灰色

形状：纤维、片

材质：PET、PE

尺寸：2.16 mm

采样日期：2018 年 8 月 10 日

采样海区：西太平洋

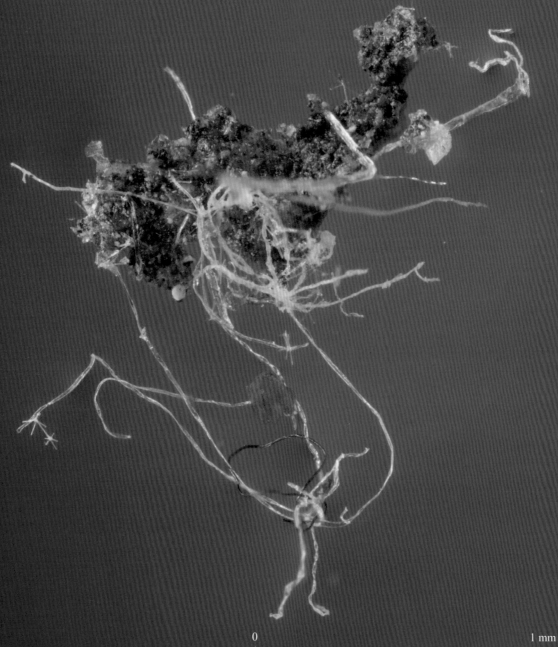

0   1 mm

颜色：绿色

形状：纤维

材质：PE

尺寸：2.10 mm

采样日期：2018 年 8 月 10 日

采样海区：西太平洋

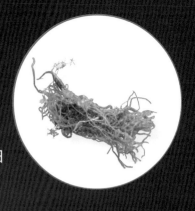

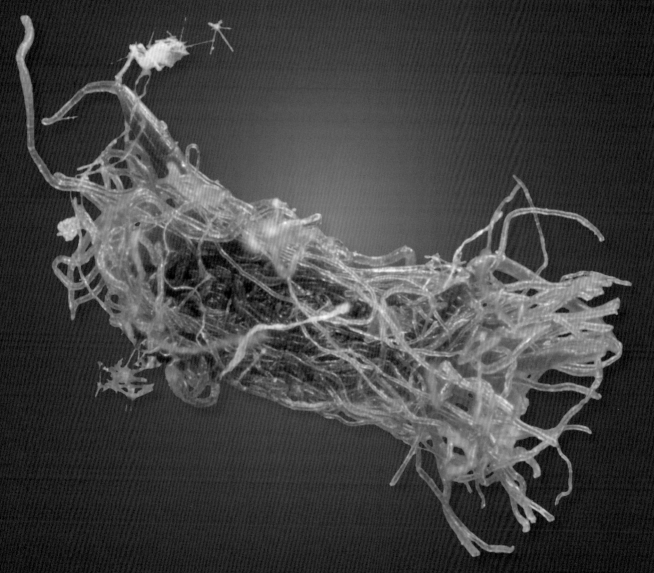

0   0.5 mm

颜色：绿色

形状：颗粒

材质：PP

尺寸：0.78 mm

采样日期：2018 年 11 月

采样海区：黄海

0   0.2 mm

颜色：绿色

形状：颗粒

材质：PP

尺寸：0.72 mm

采样日期：2018 年 11 月

采样海区：黄海

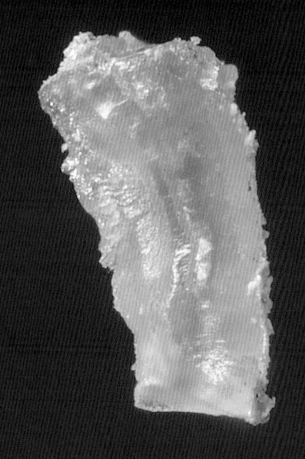

海洋微塑料图鉴 — 海洋中的 PM2.5

0   0.25 mm

颜色：蓝色

形状：颗粒

材质：PP

尺寸：0.74 mm

采样日期：2018 年 11 月

采样海区：黄海

0   0.25 mm

颜色：白色

形状：颗粒

材质：PP

尺寸：0.77 mm

采样日期：2017 年 6 月

采样海区：黄海

0   0.25 mm

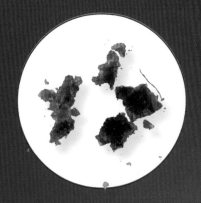

颜色：红色

形状：颗粒

材质：PP

尺寸：1.85 mm

采样日期：2018 年 11 月

采样海区：黄海

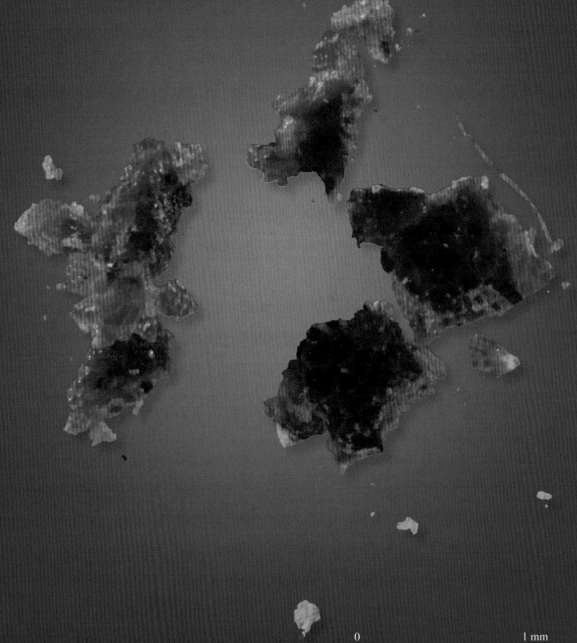

0   1 mm

颜色：红色

形状：颗粒

材质：PP

尺寸：1.44 mm

采样日期：2018 年 8 月 14 日

采样海区：西太平洋

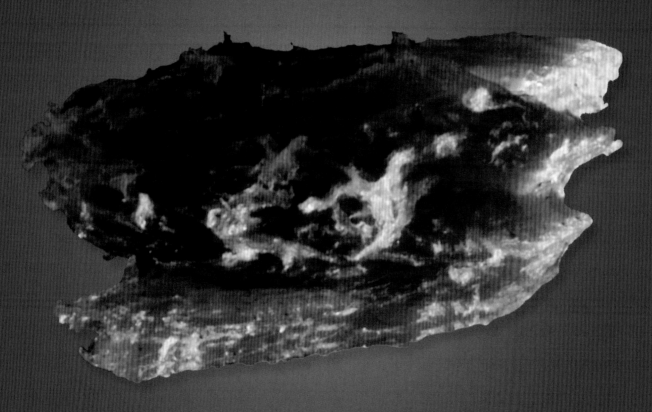

0   0.25 mm

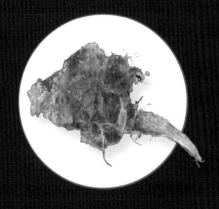

颜色：蓝色

形状：颗粒

材质：PP

尺寸：3.81 mm

采样日期：2018 年 11 月

采样海区：黄海

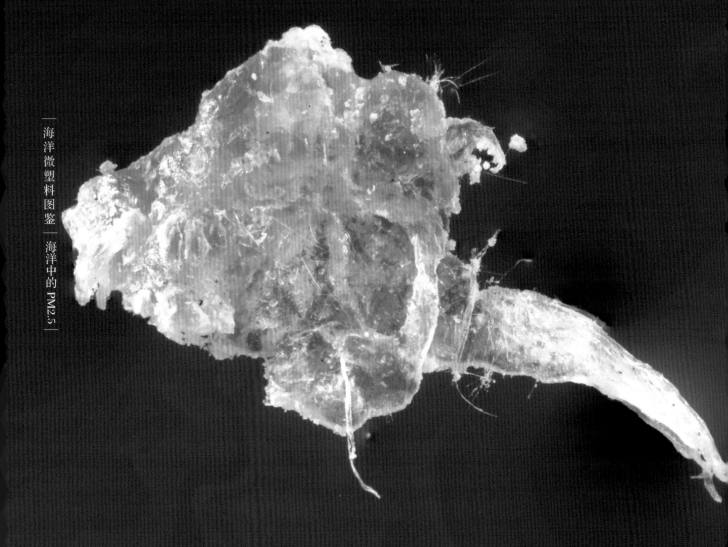

0   1 mm

颜色：蓝色

形状：颗粒

材质：PP

尺寸：1.93 mm

采样日期：2019 年 7 月 28 日

采样海区：渤海

0   1 mm

颜色：白色

形状：颗粒

材质：PP

尺寸：0.84 mm

采样日期：2018 年 11 月

采样海区：黄海

0　　　　　　0.2 mm

颜色：白色

形状：颗粒

材质：PP

尺寸：2.49 mm

采样日期：2018 年 8 月 10 日

采样海区：西太平洋

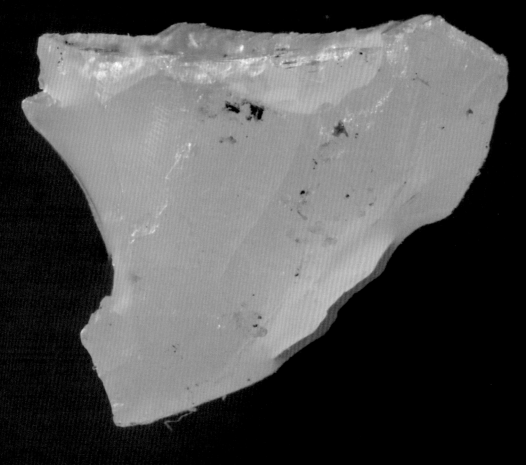

0   1 mm

颜色：白色

形状：颗粒

材质：PP

尺寸：0.73 mm

采样日期：2017 年 6 月

采样海区：黄海

0   0.25 mm

颜色：白色

形状：颗粒

材质：PP

尺寸：0.65 mm

采样日期：2017 年 6 月

采样海区：黄海

海洋微塑料图鉴——海洋中的 PM2.5

0   0.25 mm

颜色：白色

形状：颗粒

材质：PP

尺寸：1.19 mm

采样日期：2018 年 11 月

采样海区：黄海

0   0.25 mm

颜色：白色

形状：颗粒

材质：PP

尺寸：3.29 mm

采样日期：2018 年 8 月 14 月

采样海区：西太平洋

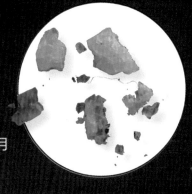

海洋微塑料图鉴 ｜ 海洋中的 PM2.5

颜色：白色

形状：颗粒

材质：PP

尺寸：1.07 mm

采样日期：2017 年 6 月

采样海区：黄海

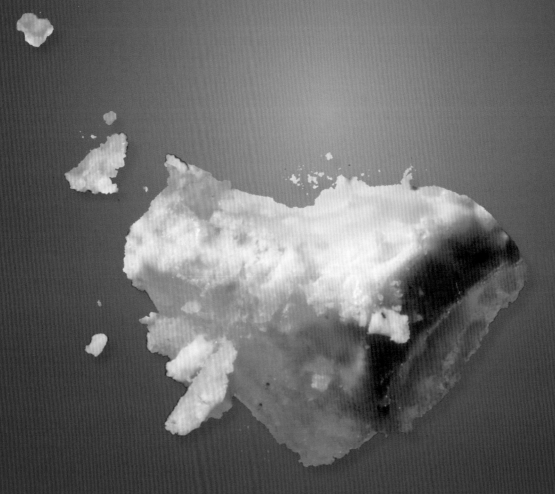

0   0.25 mm

颜色：白色

形状：颗粒

材质：PP

尺寸：0.44 mm

采样日期：2018 年 11 月

采样海区：黄海

0   0.1 mm

颜色：透明、橙色

形状：颗粒

材质：PP

尺寸：1.54 mm

采样日期：2018 年 8 月 14 日

采样海区：西太平洋

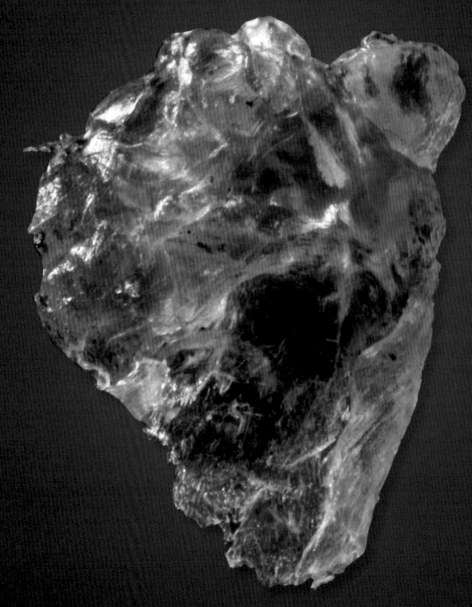

0   0.5 mm

颜色：白色

形状：颗粒

材质：PP

尺寸：3.80 mm

采样日期：2018 年 8 月 14 日

采样海区：西太平洋

0　　　　　　　　1 mm

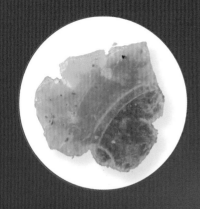

颜色：绿色

形状：片

材质：PE

尺寸：1.54 mm

采样日期：2018 年 11 月

采样海区：黄海

0   0.5 mm

颜色：红色
形状：片
材质：PE
尺寸：0.95 mm
采样日期：2018 年 8 月 22 日
采样海区：西太平洋

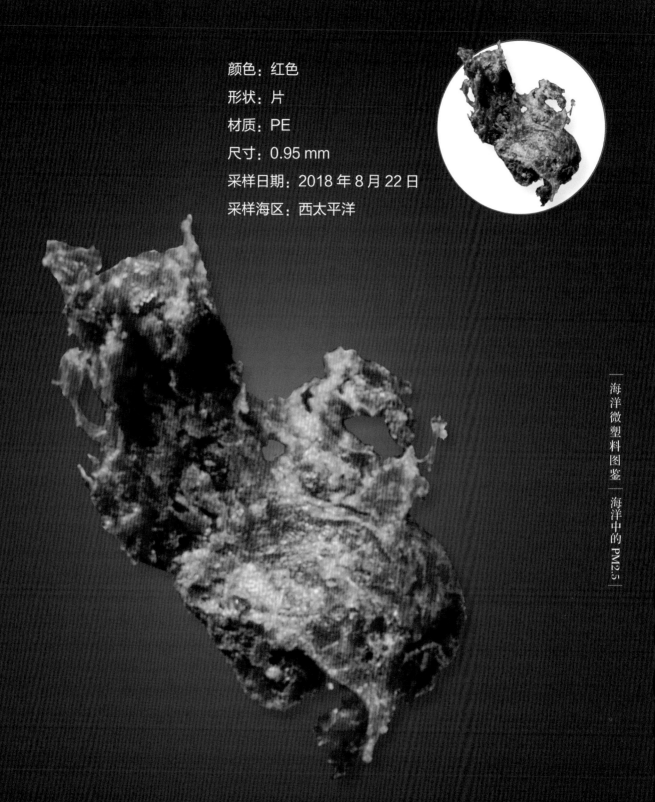

0   0.25 mm

颜色：黑色

形状：片

材质：PE

尺寸：5.66 mm

采样日期：2018 年 11 月

采样海区：黄海

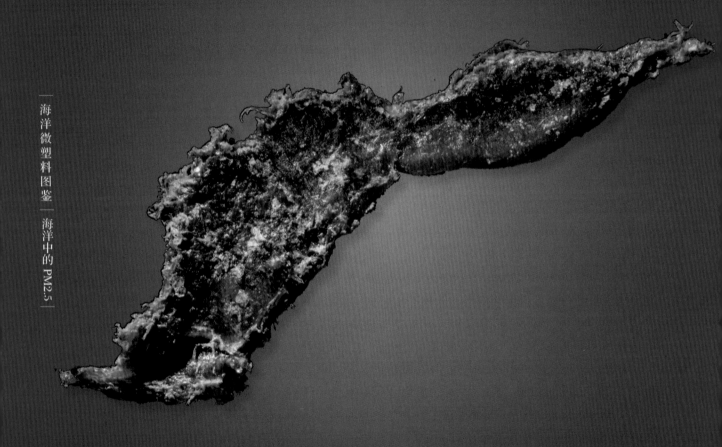

0   1 mm

颜色：绿色

形状：片

材质：PE

尺寸：1.50 mm

采样日期：2018 年 11 月

采样海区：黄海

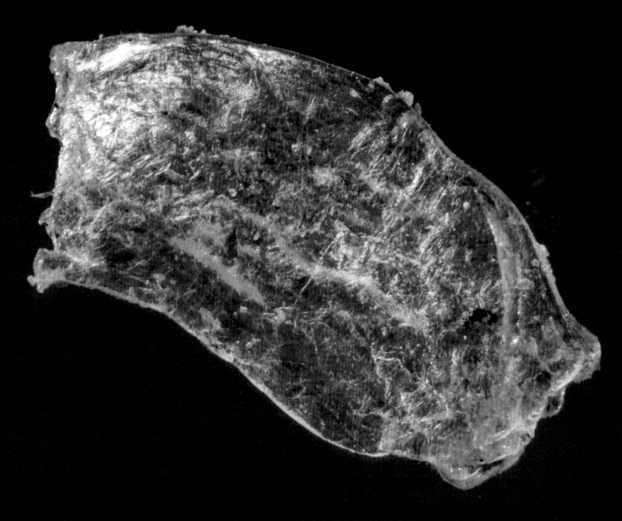

0   0.1 mm

颜色：半透明

形状：片

材质：PE

尺寸：3.36 mm

采样日期：2019 年 2 月 18 日

采样海区：黄海

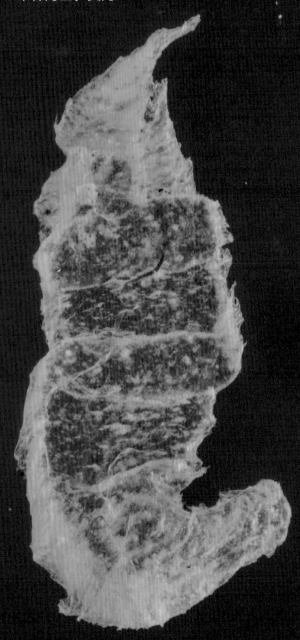

0   1 mm

颜色：绿色

形状：片

材质：PE

尺寸：4.60 mm

采样日期：2019 年 2 月 18 日

采样海区：黄海

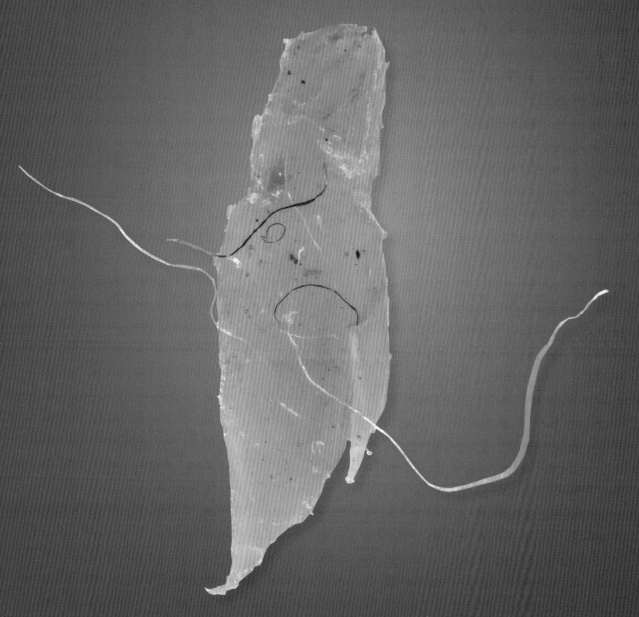

0   1 mm

颜色：蓝色

形状：片

材质：PE

尺寸：2.20 mm

采样日期：2019 年 2 月 18 日

采样海区：黄海

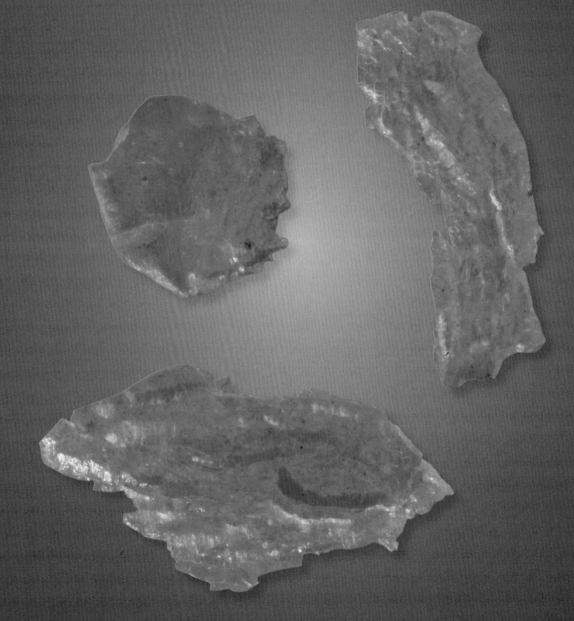

0　　　　　　　　　　　　　　1 mm

颜色：绿色

形状：片

材质：PE

尺寸：2.01 mm

采样日期：2018 年 11 月

采样海区：黄海

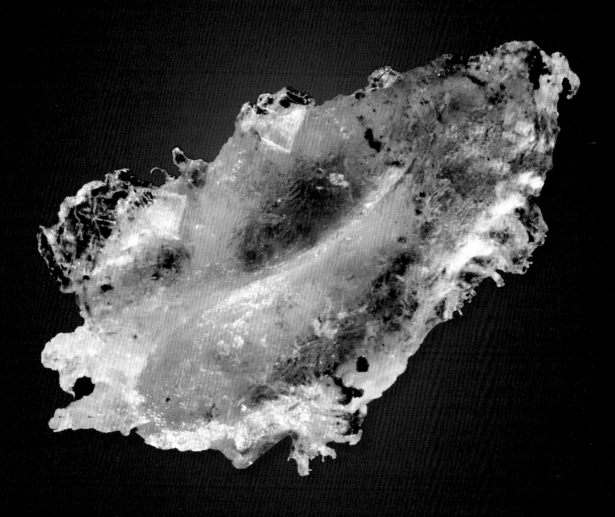

0   0.5 mm

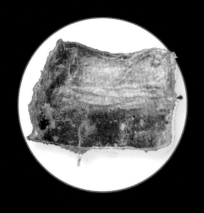

颜色：蓝色

形状：片

材质：PE

尺寸：0.91 mm

采样日期：2018 年 11 月

采样海区：黄海

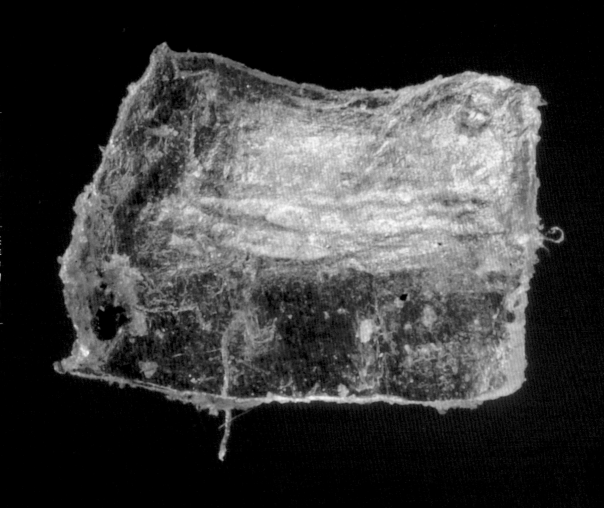

0   0.25 mm

颜色：蓝色

形状：片

材质：PE

尺寸：2.25 mm

采样日期：2019 年 2 月 19 日

采样海区：黄海

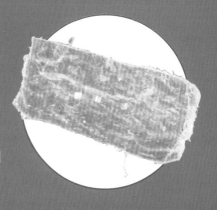

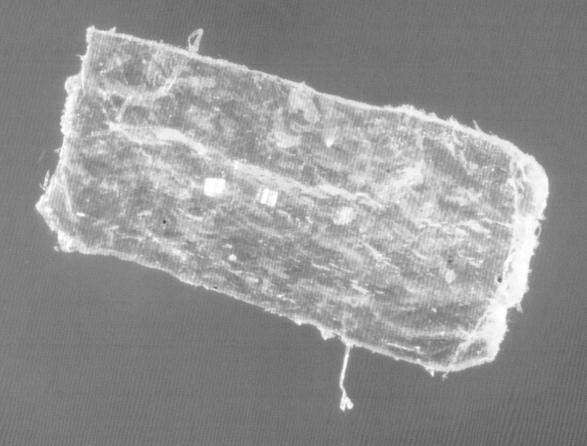

海洋微塑料图鉴—海洋中的 PM2.5

0   1 mm

颜色：蓝色

形状：片

材质：PE

尺寸：4.55 mm

采样日期：2018 年 11 月

采样海区：黄海

0   1 mm

颜色：半透明

形状：片

材质：PE

尺寸：1.65 mm

采样日期：2018 年 2 月 18 日

采样海区：黄海

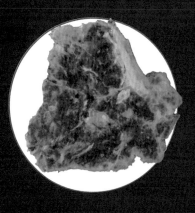

0　　　　　　　　　　　　　　　　　　　　1 mm

颜色：半透明

形状：片

材质：PE

尺寸：2.93 mm

采样日期：2019 年 2 月 18 日

采样海区：黄海

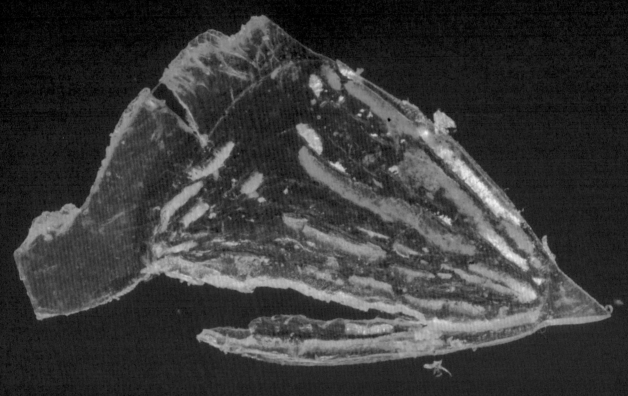

0   1 mm

颜色：半透明、白色
形状：片
材质：PE
尺寸：2.10 mm
采样日期：2019 年 2 月 19 日
采样海区：黄海

0   0.5 mm

颜色：半透明

形状：片

材质：PE

尺寸：2.48 mm

采样日期：2019 年 2 月 18 日

采样海区：黄海

0   1 mm

颜色：白色

形状：片

材质：PE

尺寸：5.55 mm

采样日期：2019 年 7 月 20 日

采样海区：渤海

0   1 mm

颜色：白色、红色

形状：片

材质：PE

尺寸：2.64 mm

采样日期：2018 年 11 月

采样海区：黄海

0   1 mm

颜色：白色

形状：片

材质：PE

尺寸：5.47 mm

采样日期：2019 年 7 月 20 日

采样海区：渤海

备注：沾污黑色石油

0   1 mm

颜色：白色

形状：片

材质：PE

尺寸：3.81 mm

采样日期：2019 年 7 月 20 日

采样海区：渤海

备注：沾污黑色石油

0   1 mm

颜色：灰色

形状：片

材质：PP

尺寸：2.48 mm

采样日期：2018 年 8 月 10 日

采样海区：西太平洋

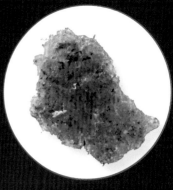

0　　　　　　0.5 mm

颜色：黑色

形状：片

材质：PP

尺寸：2.64 mm

采样日期：2018 年 8 月 10 日

采样海区：西太平洋

0   0.5 mm

颜色：绿色
形状：片
材质：PP
尺寸：4.19 mm
采样日期：2018 年 11 月
采样海区：黄海

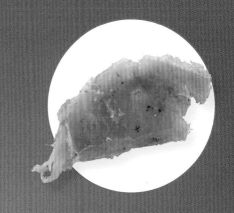

0   1 mm

颜色：白色

形状：片

材质：PP

尺寸：6.79 mm

采样日期：2018 年 9 月

采样海区：黄海

0   1 mm

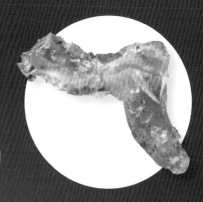

颜色：黄色
形状：片
材质：PP
尺寸：0.92 mm
采样日期：2019 年 2 月 18 日
采样海区：黄海

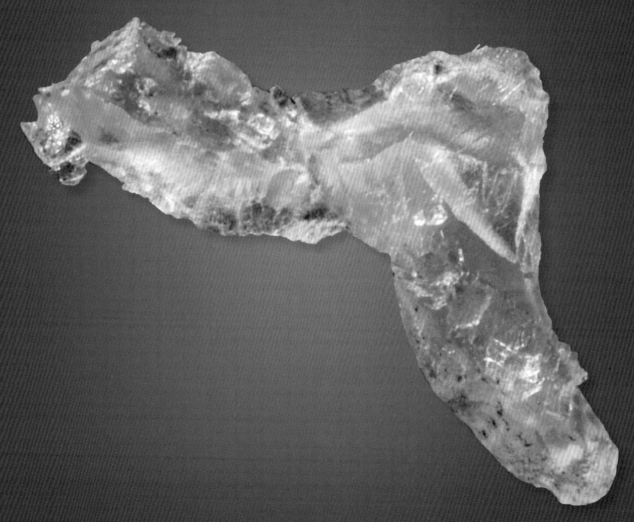

0   0.25 mm

颜色：半透明、白色

形状：片

材质：PP

尺寸：1.49 mm

采样日期：2019 年 2 月 18 日

采样海区：黄海

0   0.25 mm

颜色：绿色

形状：片

材质：PP

尺寸：3.95 mm

采样日期：2019 年 7 月 20 日

采样海区：渤海

0   1 mm

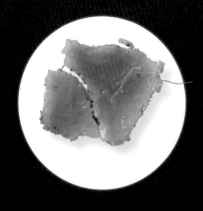

颜色：白色

形状：片

材质：PP

尺寸：3.33 mm

采样日期：2019 年 7 月 28 日

采样海区：渤海

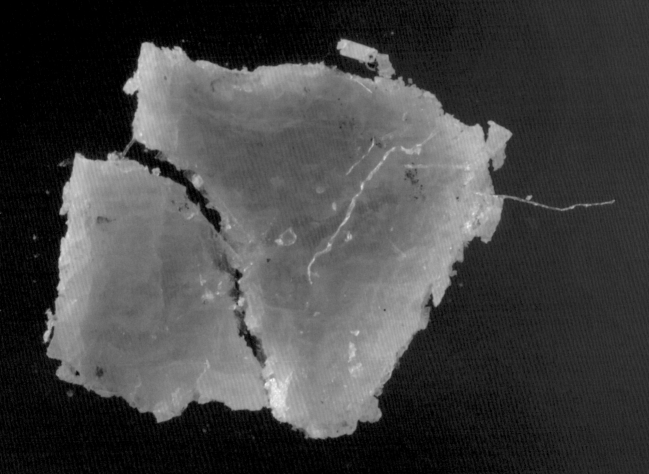

0   1 mm

颜色：灰色
形状：片
材质：PP
尺寸：2.49 mm
采样日期：2019 年 2 月 18 日
采样海区：黄海

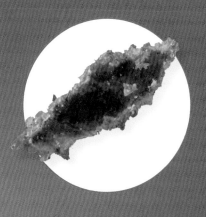

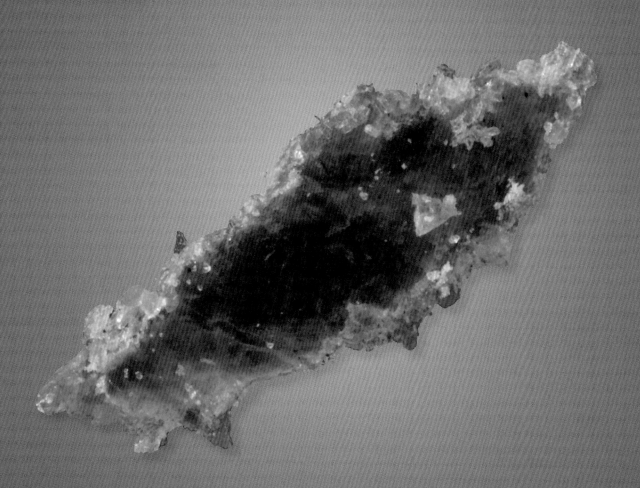

海洋微塑料图鉴 — 海洋中的 PM2.5

0　　　　　　　　　　0.5 mm

颜色：半透明

形状：片

材质：PP

尺寸：2.38 mm

采样日期：2019 年 2 月 18 日

采样海区：黄海

0   1 mm

颜色：半透明

形状：片

材质：PP

尺寸：1.13 mm

采样日期：2018 年 8 月 22 日

采样海区：西太平洋

0   0.25 mm

颜色：白色

形状：片

材质：PP

尺寸：2.13 mm

采样日期：2018 年 11 月 3 日

采样海区：黄海

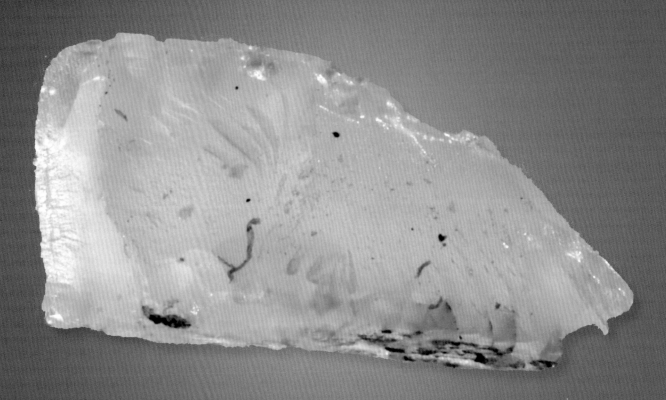

0　　　　　　0.5 mm

颜色：透明

形状：片

材质：PP

尺寸：0.59 mm

采样日期：2018 年 8 月 22 日

采样海区：西太平洋

0   0.25 mm

颜色：灰色

形状：片

材质：PP

尺寸：2.98 mm

采样日期：2019 年 7 月 28 日

采样海区：渤海

0   1 mm

颜色：绿色
形状：片
材质：PP
尺寸：5.22 mm
采样日期：2019 年 2 月 19 日
采样海区：黄海

0　　　　　　　1 mm

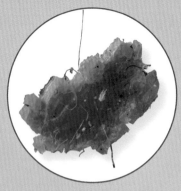

颜色：绿色

形状：片

材质：PP

尺寸：3.86 mm

采样日期：2019 年 7 月 28 日

采样海区：渤海

0   1 mm

颜色：绿色

形状：片

材质：PP

尺寸：5.22 mm

采样日期：2019 年 7 月 28 日

采样海区：黄海

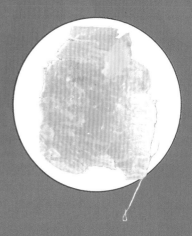

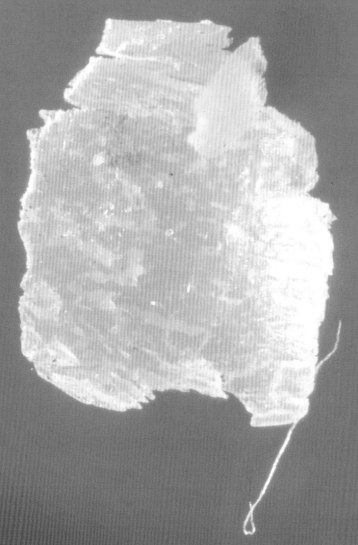

0   1 mm

颜色：绿色

形状：片

材质：PP

尺寸：4.35 mm

采样日期：2019 年 7 月 28 日

采样海区：渤海

0   1 mm

颜色：蓝色
形状：片
材质：PP
尺寸：5.90 mm
采样日期：2018 年 9 月
采样海区：黄海

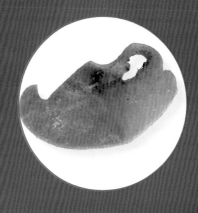

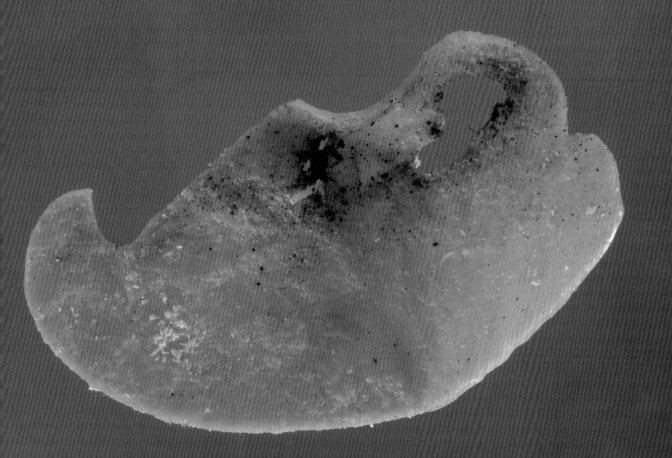

0   1 mm

颜色：半透明

形状：片

材质：PP

尺寸：4.06 mm

采样日期：2017 年 6 月

采样海区：黄海

0   1 mm

颜色：半透明

形状：片

材质：PP

尺寸：3.79 mm

采样日期：2018 年 11 月

采样海区：黄海

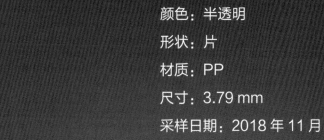

0　　　　　　　　　　1 mm

颜色：半透明

形状：片

材质：PP

尺寸：2.99 mm

采样日期：2019 年 7 月 20 日

采样海区：渤海

0   1 mm

颜色：半透明

形状：片

材质：PP

尺寸：3.32 mm

采样日期：2019 年 7 月 20 日

采样海区：渤海

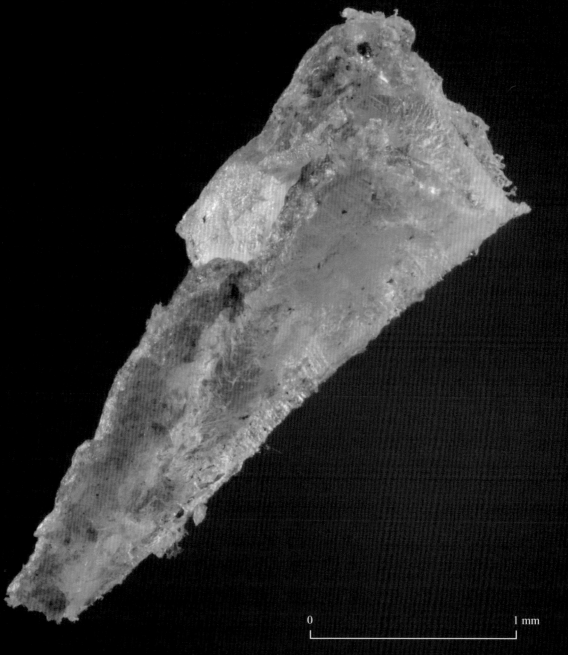

0   1 mm

颜色：半透明、白色

形状：片

材质：PP

尺寸：4.97 mm

采样日期：2019 年 2 月 19 日

采样海区：黄海

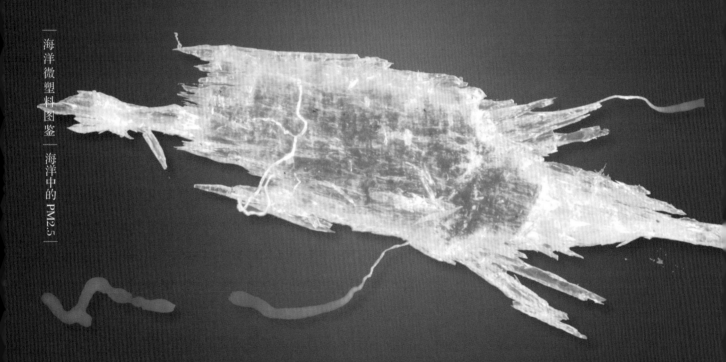

0   1 mm

颜色：半透明

形状：片

材质：PP

尺寸：1.62 mm

采样日期：2017 年 6 月

采样海区：黄海

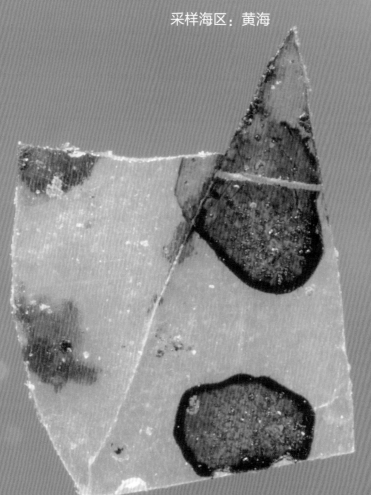

0   1 mm

颜色：半透明

形状：片

材质：PP

尺寸：3.58 mm

采样日期：2018 年 8 月 10 日

采样海区：西太平洋

0   1 mm

颜色：半透明

形状：片

材质：PP

尺寸：2.66 mm

采样日期：2018 年 11 月

采样海区：黄海

0   1 mm

颜色：半透明

形状：片

材质：PP

尺寸：3.93 mm

采样日期：2019 年 7 月 28 日

采样海区：渤海

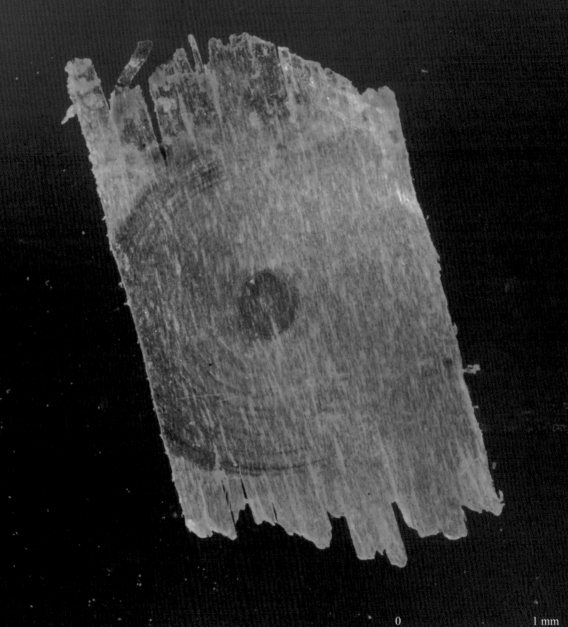

0   1 mm

颜色：半透明

形状：片

材质：PP

尺寸：2.94 mm

采样日期：2019 年 7 月 28 日

采样海区：渤海

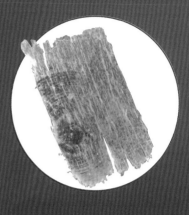

0　　　　　　　　　　　　　　1 mm

颜色：白色

形状：片

材质：PP

尺寸：1.27 mm

采样日期：2019 年 2 月 18 日

采样海区：黄海

0   0.25 mm

颜色：白色

形状：片

材质：PP

尺寸：3.4 mm

采样日期：2019 年 2 月 18 日

采样海区：黄海

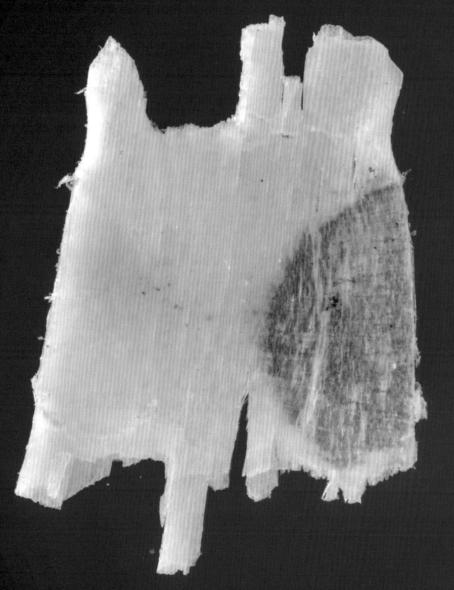

0   1 mm

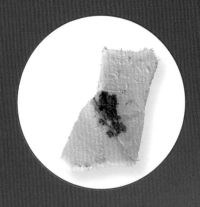

颜色：白色

形状：片

材质：PP

尺寸：2.65 mm

采样日期：2017 年 6 月

采样海区：黄海

0   1 mm

颜色：白色

形状：片

材质：PP

尺寸：4.22 mm

采样日期：2018 年 11 月

采样海区：黄海

0   1 mm

颜色：白色

形状：片

材质：PP

尺寸：4.18 mm

采样日期：2019 年 7 月 28 日

采样海区：渤海

0   1 mm

颜色：白色

形状：片

材质：PP

尺寸：10.63 mm

采样日期：2018 年 8 月 14 日

采样海区：西太平洋

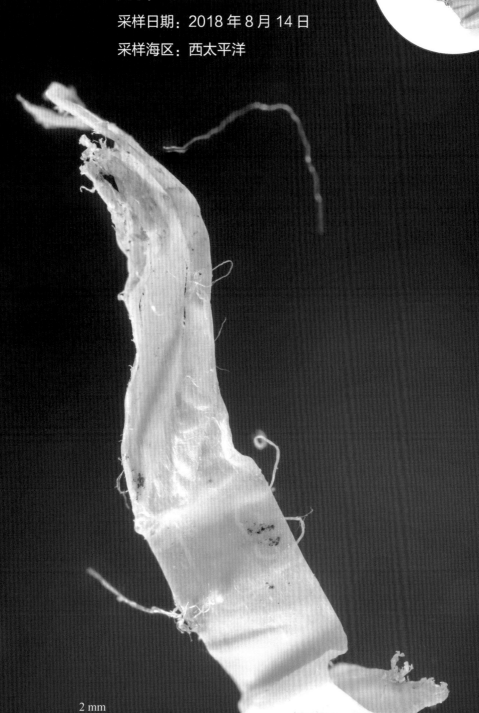

0   2 mm

颜色：半透明、白色

形状：片

材质：PP

尺寸：3.12 mm

采样日期：2019 年 2 月 19 日

采样海区：黄海

0

1 mm

颜色：半透明

形状：片

材质：PP

尺寸：2.09 mm

采样日期：2019 年 2 月 18 日

采样海区：黄海

海洋微塑料图鉴 — 海洋中的 PM2.5

0   0.5 mm

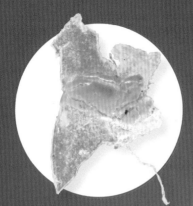

颜色：半透明

形状：片

材质：PP

尺寸：1.77 mm

采样日期：2019 年 2 月 19 日

采样海区：黄海

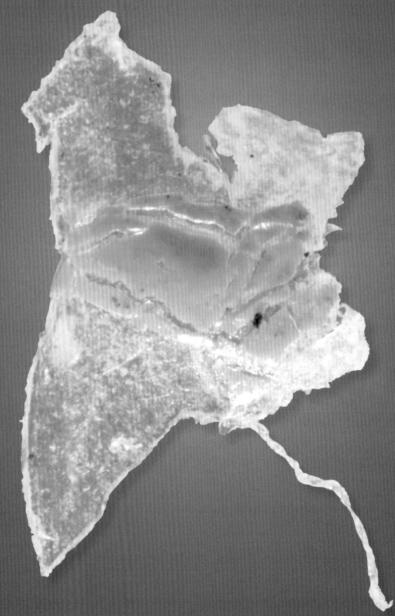

0   0.5 mm

颜色：透明

形状：片

材质：PP

尺寸：1.31 mm

采样日期：2019 年 2 月 18 日

采样海区：黄海

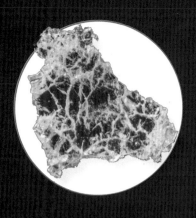

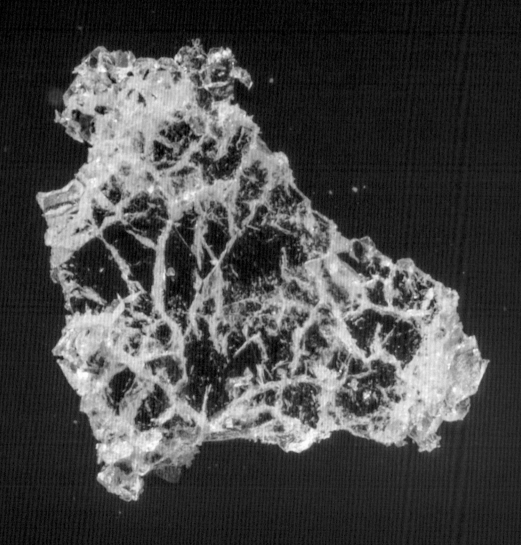

0   0.5 mm

颜色：半透明

形状：片

材质：PP

尺寸：4.75 mm

采样日期：2017 年 6 月

采样海区：黄海

0   1 mm

颜色：透明

形状：片

材质：PP

尺寸：3.25 mm

采样日期：2019 年 2 月 18 日

采样海区：黄海

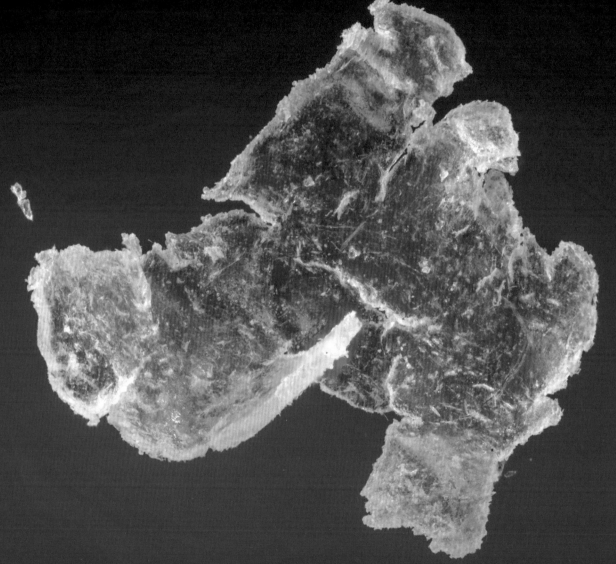

0   1 mm

颜色：透明

形状：片

材质：PP

尺寸：1.94 mm

采样日期：2019 年 2 月 18 日

采样海区：黄海

0   0.5 mm

颜色：透明

形状：片

材质：PP

尺寸：1.78 mm

采样日期：2019 年 2 月 19 日

采样海区：黄海

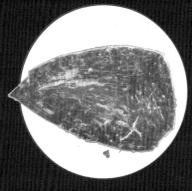

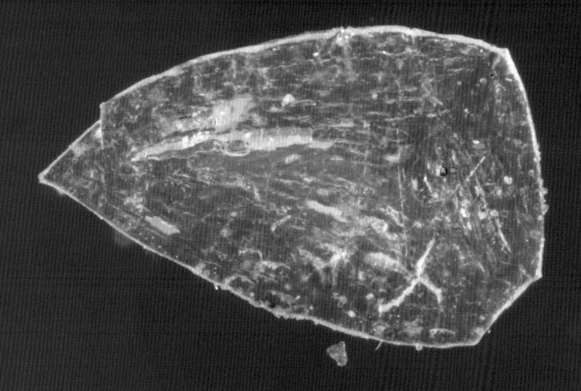

0   1 mm

颜色：透明

形状：片

材质：PP

尺寸：1.86 mm

采样日期：2019 年 2 月 19 日

采样海区：黄海

0   1 mm

颜色：透明

形状：片

材质：PP

尺寸：4.01 mm

采样日期：2019 年 2 月 18 日

采样海区：黄海

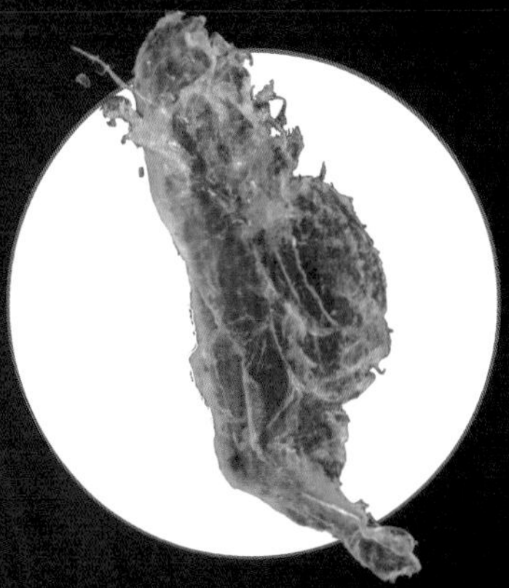

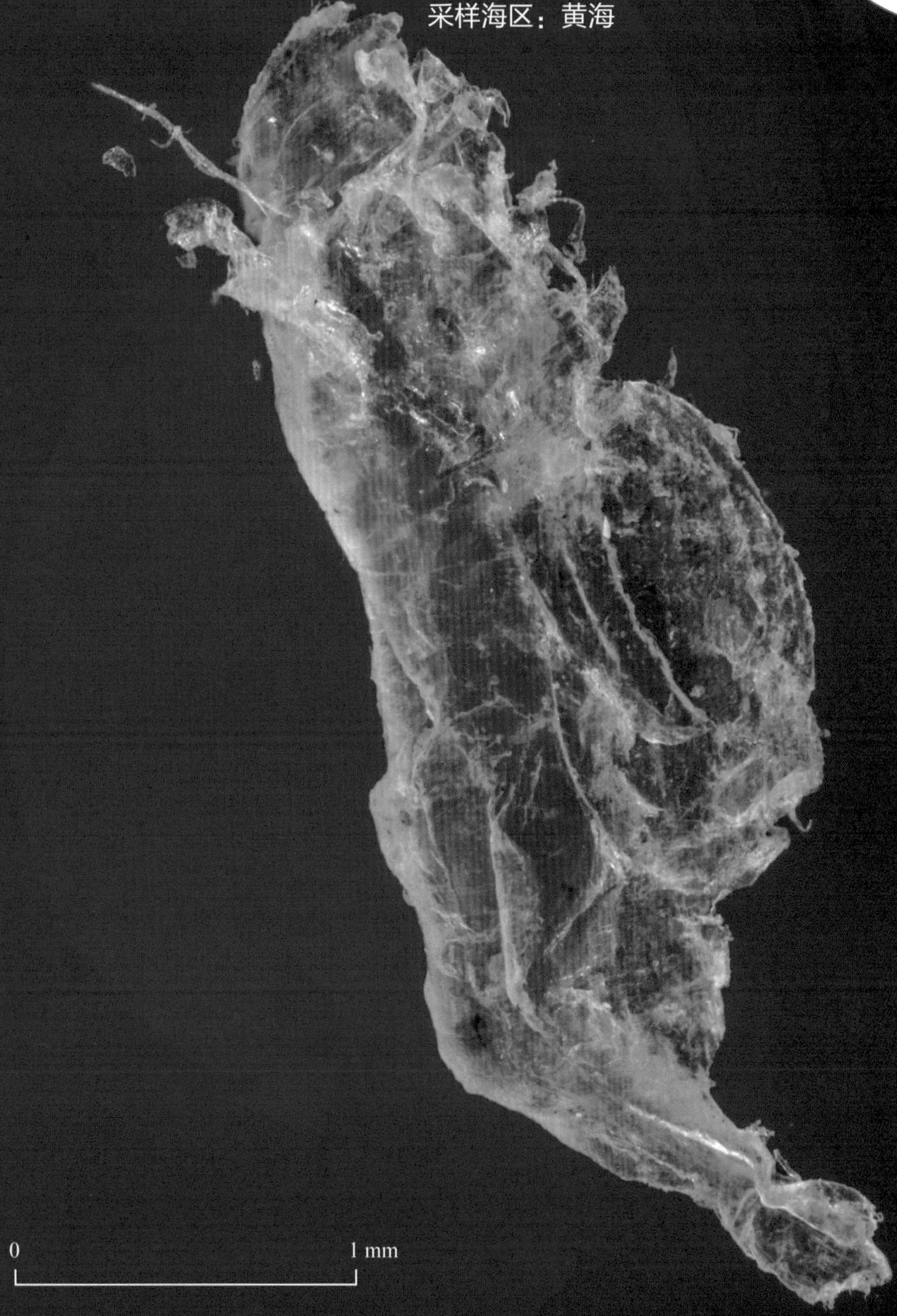

0   1 mm

颜色：透明

形状：片

材质：PP

尺寸：0.59 mm

采样日期：2019 年 2 月 18 日

采样海区：黄海

0   0.25 mm

颜色：透明
形状：片
材质：PP
尺寸：3.03 mm
采样日期：2019 年 2 月 17 日
采样海区：黄海

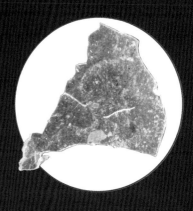

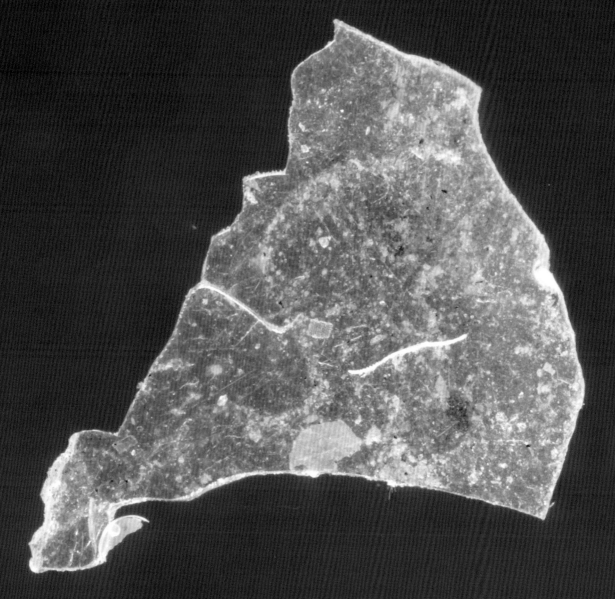

海洋微塑料图鉴│海洋中的 PM2.5│

0   1 mm

颜色：透明

形状：片

材质：PP

尺寸：2.23 mm

采样日期：2019 年 2 月 19 日

采样海区：黄海

0   0.5 mm

颜色：透明

形状：片

材质：PP

尺寸：3.3 mm

采样日期：2019 年 2 月 19 日

采样海区：黄海

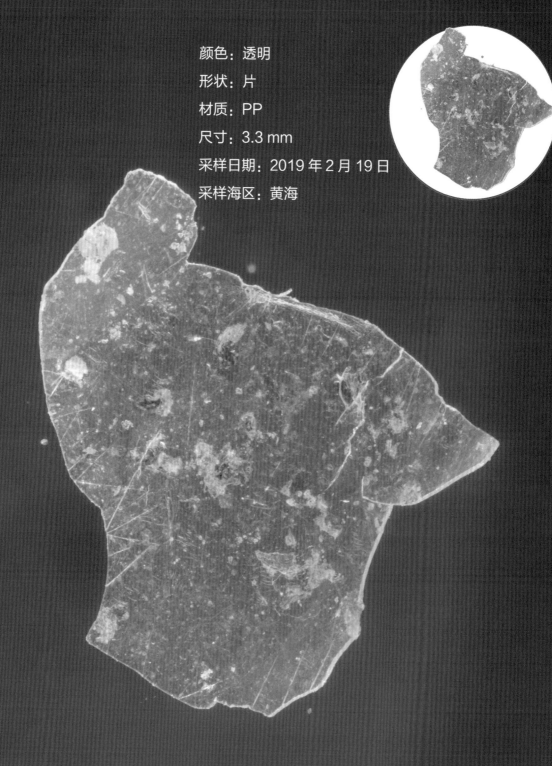

0   1 mm

颜色：透明

形状：片

材质：PP

尺寸：3.43 mm

采样日期：2019 年 2 月 19 日

采样海区：黄海

0   1 mm

颜色：半透明

形状：片

材质：PP

尺寸：4.75 mm

采样日期：2017 年 6 月

采样海区：黄海

海洋微塑料图鉴 ｜ 海洋中的 PM2.5

0　　　　　　　　1 mm

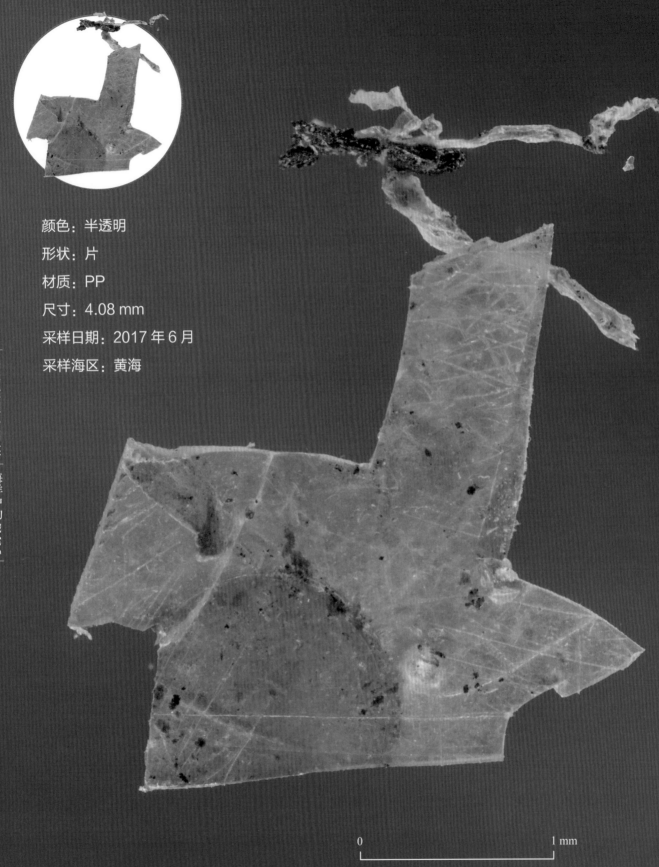

颜色：半透明

形状：片

材质：PP

尺寸：4.08 mm

采样日期：2017 年 6 月

采样海区：黄海

0　　　　　　　　　　　　　1 mm

颜色：灰色

形状：片

材质：PP

尺寸：4.71 mm

采样日期：2019 年 7 月 20 日

采样海区：渤海

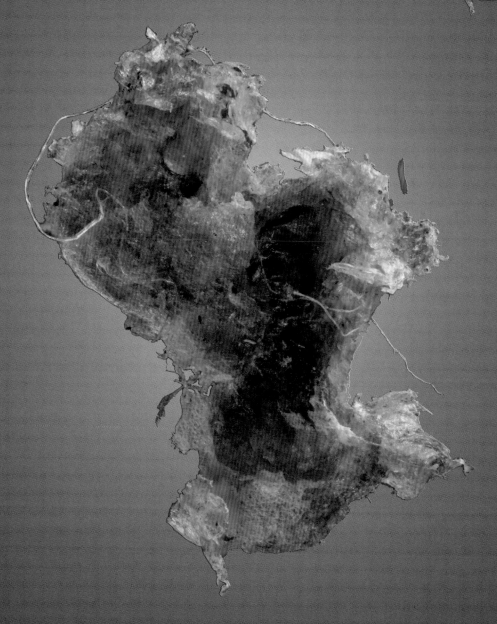

0   1 mm

颜色：白色

形状：片

材质：PS（聚苯乙烯）

尺寸：2.60 mm

采样日期：2018 年 8 月 14 日

采样海区：西太平洋

0   0.5 mm

颜色：半透明

形状：薄膜

材质：PE

尺寸：3.64 mm

采样日期：2019 年 7 月 28 日

采样海区：渤海

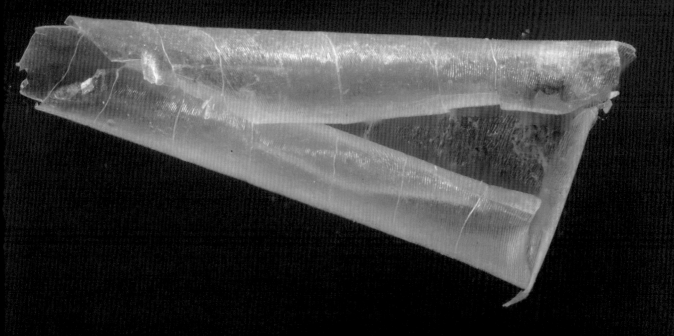

0   1 mm

颜色：半透明

形状：薄膜

材质：PE

尺寸：4.30 mm

采样日期：2019 年 7 月 28 日

采样海区：渤海

0   1 mm

颜色：透明

形状：薄膜

材质：PE

尺寸：3.82 mm

采样日期：2018 年 8 月 14 日

采样海区：西太平洋

0   1 mm

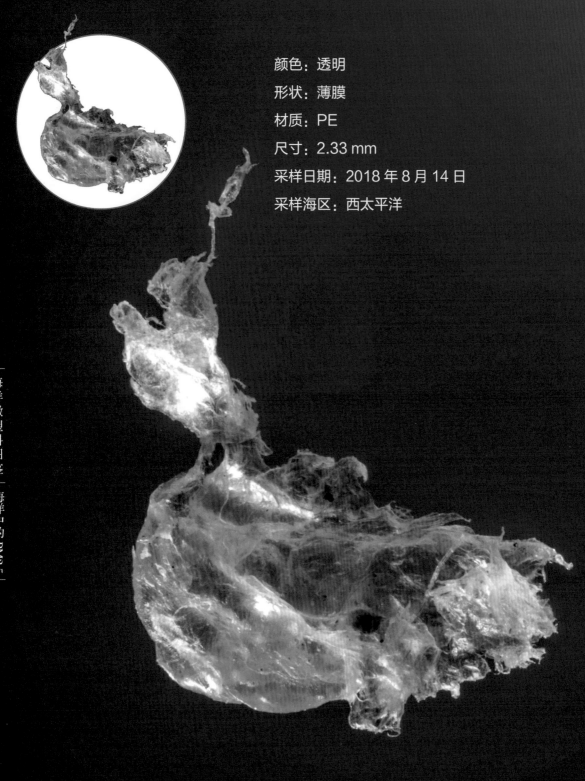

颜色：透明

形状：薄膜

材质：PE

尺寸：2.33 mm

采样日期：2018 年 8 月 14 日

采样海区：西太平洋

0   1 mm

颜色：半透明、红色

形状：薄膜、片

材质：PE、PP

尺寸：1.93 mm

采样日期：2018 年 8 月 10 日

采样海区：西太平洋

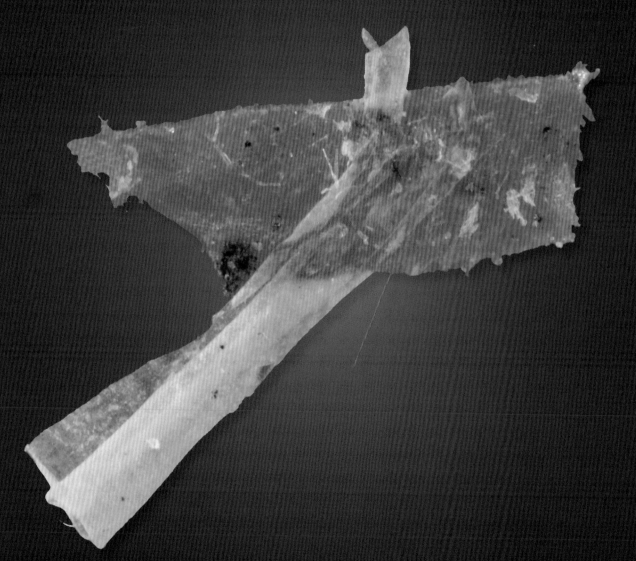

海洋微塑料图鉴－海洋中的 PM2.5

0   0.5 mm

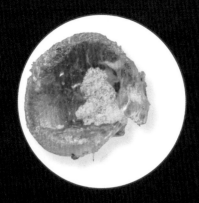

颜色：半透明

形状：球

材质：PE

尺寸：1.36 mm

采样日期：2019 年 2 月 18 日

采样海区：黄海

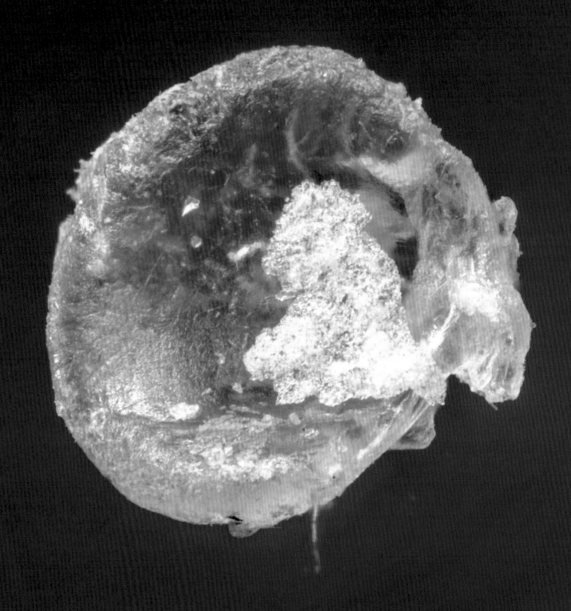

0　　　　　0.25 mm

颜色：白色

形状：球

材质：PP

尺寸：4.40 mm

采样日期：2018 年 8 月 14 日

采样海区：西太平洋

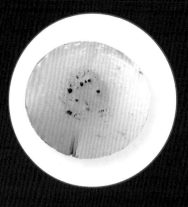

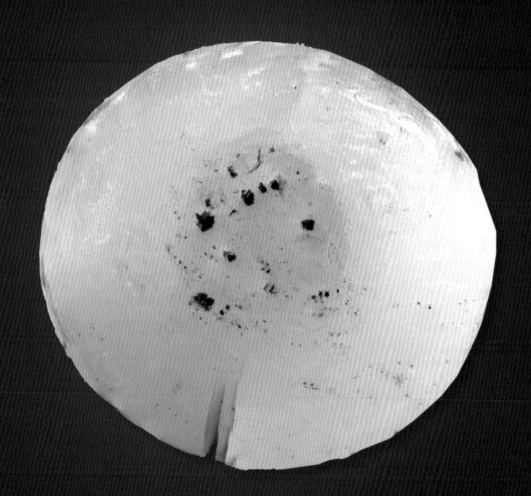

海洋微塑料图鉴｜海洋中的 PM2.5

0　　　　　　1 mm

颜色：蓝色

形状：球

材质：PP

尺寸：4.24 mm

采样日期：2018 年 11 月

采样海区：黄海

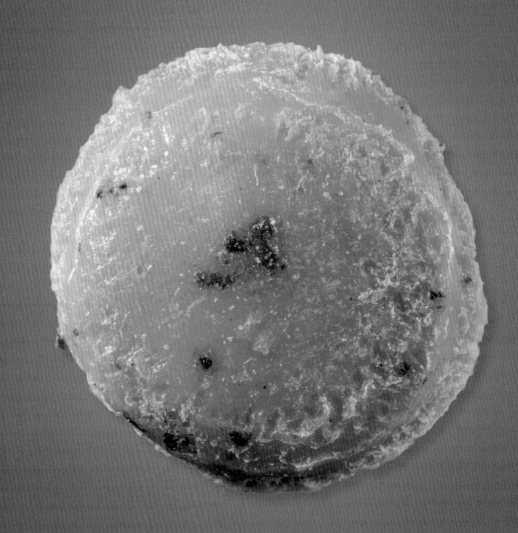

0   1 mm

颜色：白色

形状：泡沫

材质：PS

尺寸：图示

采样日期：2019 年 2 月 18 日

采样海区：黄海

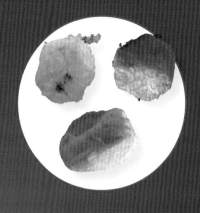

尺寸：2.37 mm

尺寸：3.02 mm

尺寸：3.28 mm

0   1 mm

颜色：白色

形状：泡沫

材质：PS

尺寸：1.19 mm

采样日期：2018 年 8 月 22 日

采样海区：西太平洋

0 0.25 mm

颜色：白色、灰色

形状：泡沫

材质：PS

尺寸：3.43 mm

采样日期：2018 年 11 月

采样海区：黄海

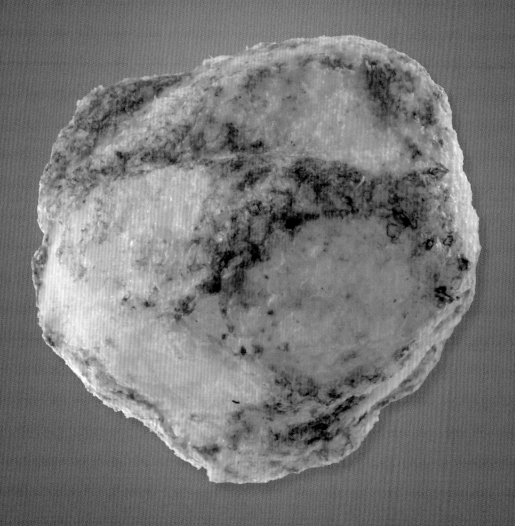

0   1 mm

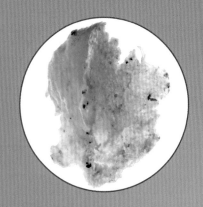

颜色：白色

形状：泡沫

材质：PS

尺寸：3.04 mm

采样日期：2018 年 11 月

采样海区：黄海

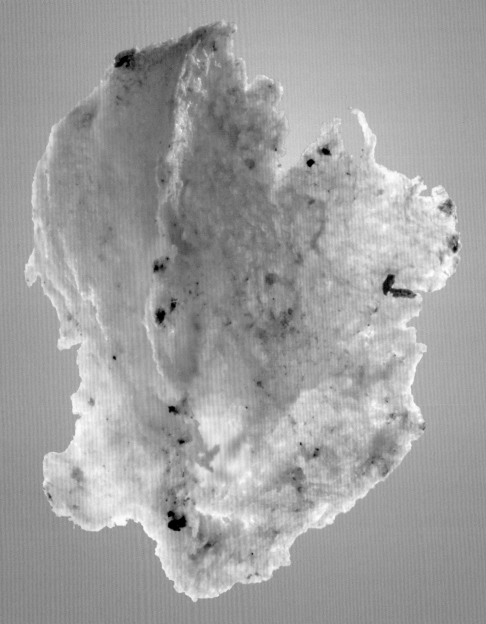

0 ⊢———————⊣ 1 mm

颜色：白色、黄色

形状：泡沫

材质：PS

尺寸：3.75 mm

采样日期：2019 年 7 月 19 日

采样海区：渤海

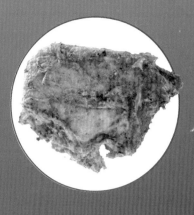

0   1 mm

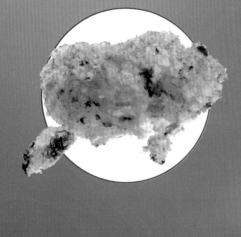

颜色：白色

形状：泡沫

材质：PS

尺寸：3.09 mm

采样日期：2018 年 11 月

采样海区：黄海

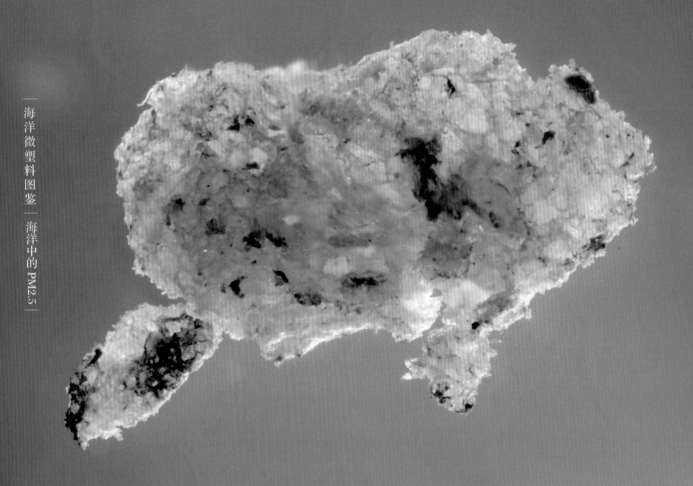

0 ⊢————————————⊣ 1 mm

颜色：白色

形状：泡沫

材质：PS

尺寸：2.12 mm

采样日期：2018 年 11 月

采样海区：黄海

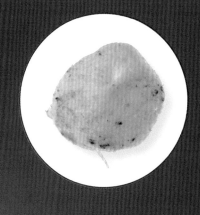

海洋微塑料图鉴│海洋中的 PM2.5

0   0.5 mm

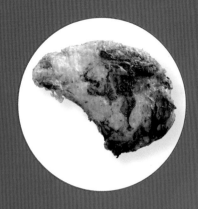

颜色：白色、黑色

形状：泡沫

材质：PS

尺寸：3.81 mm

采样日期：2019 年 7 月 19 日

采样海区：渤海

0   1 mm

颜色：白色

形状：泡沫

材质：PS

尺寸：1.93 mm

采样日期：2019 年 2 月 18 日

采样海区：黄海

0 ⊢————————————————————⊣ 1 mm

颜色：白色

形状：泡沫

材质：PS

尺寸：2.83 mm

采样日期：2018 年 11 月

采样海区：黄海

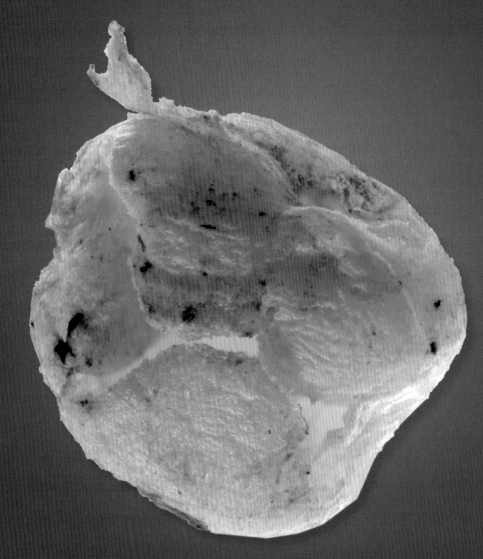

0   1 mm

颜色：白色
形状：泡沫
材质：PS
尺寸：5.17 mm
采样日期：2018 年 11 月
采样海区：黄海

海洋微塑料图鉴　海洋中的 PM2.5

0　　　　　　　1 mm

颜色：黄色

形状：泡沫

材质：PS

尺寸：4.14 mm

采样日期：2017 年 6 月

采样海区：黄海

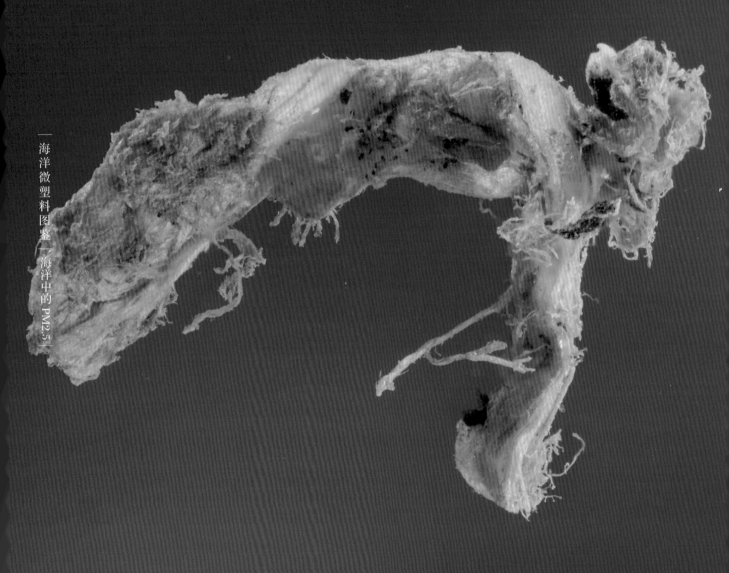

0   1 mm

颜色：白色
形状：泡沫
材质：PS
尺寸：3.40 mm
采样日期：2019 年 7 月 28 日
采样海区：渤海

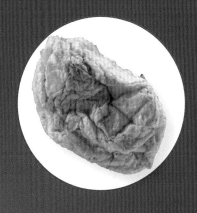

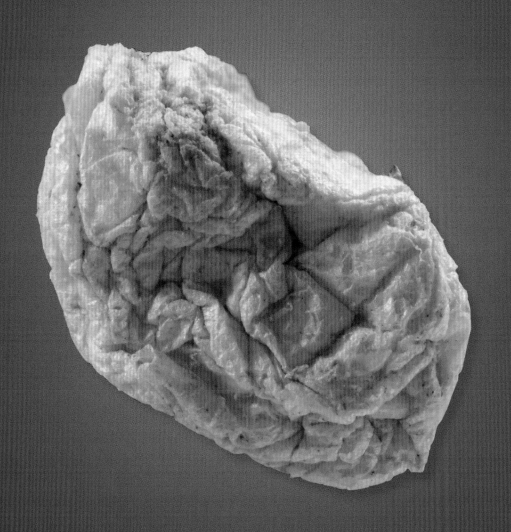

0   1 mm

147

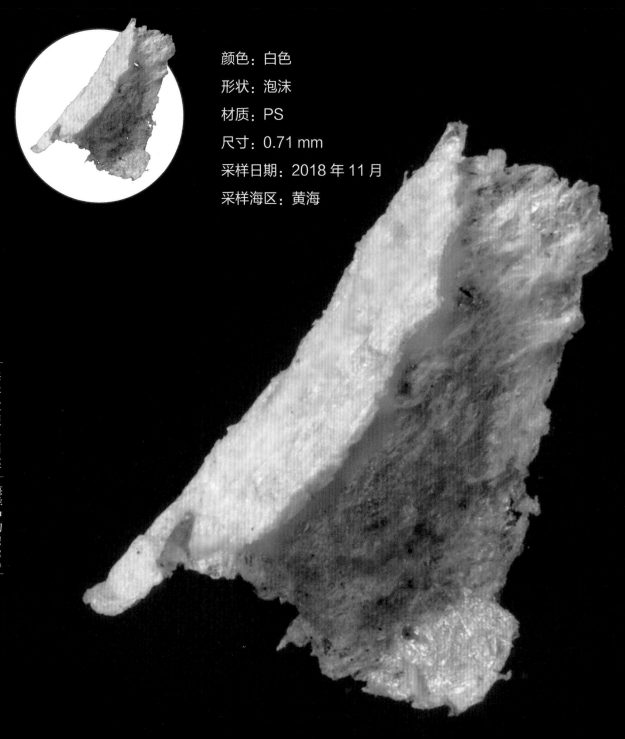

颜色：白色

形状：泡沫

材质：PS

尺寸：0.71 mm

采样日期：2018 年 11 月

采样海区：黄海

0   0.25 mm

颜色：白色

形状：泡沫

材质：PS

尺寸：1.57 mm

采样日期：2017 年 6 月

采样海区：黄海

海洋微塑料图鉴｜海洋中的 PM2.5

0   0.5 mm

颜色：白色

形状：泡沫

材质：PS

尺寸：3.98 mm

采样日期：2019 年 7 月 19 日

采样海区：渤海

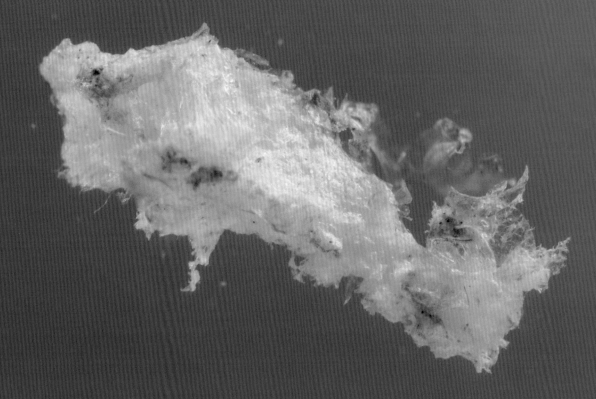

0   1 mm

颜色：白色

形状：泡沫

材质：PS

尺寸：4.6 mm

采样日期：2019 年 7 月 28 日

采样海区：渤海

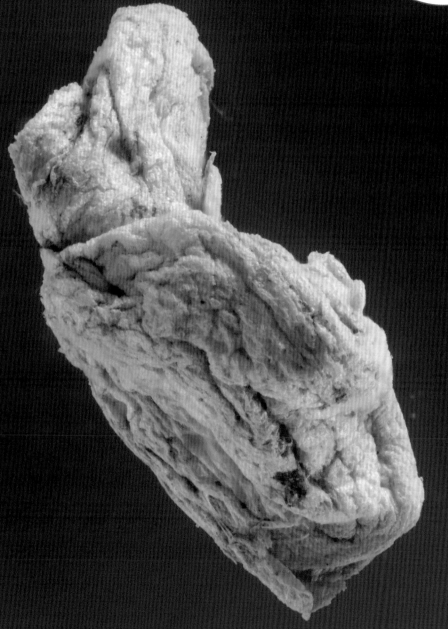

0   1 mm

颜色：白色

形状：泡沫

材质：PS

尺寸：3.81 mm

采样日期：2019 年 7 月 19 日

采样海区：渤海

0   1 mm

颜色：白色

形状：泡沫

材质：PS

尺寸：4.76 mm

采样日期：2019 年 7 月 19 日

采样海区：渤海

0   1 mm

部分聚合物材料的缩略术语

缩略语	材料术语	
PA	polyamide	聚酰胺
PAA	poly(acrylic acid)	聚丙烯酸
PAN	polyacrylonitrile	聚丙烯腈
PB	polybutylene	聚丁烯
PBT	poly(butylene terephthalate)	聚对苯二甲酸丁二醇酯
PC	polycarbonate	聚碳酸酯
PE	polyethylene	聚乙烯
PE-HD	polyethylene, high density	高密度聚乙烯
PE-LD	polyethylene, low density	低密度聚乙烯
PE-LLD	polyethylene, linear low density	线型低密度聚乙烯
PE-MD	Polyethylene, medium density	中密度聚乙烯
PET	poly(ethylene terephthalate)	聚对苯二甲酸乙二醇酯
PP	polypropylene	聚丙烯
PPE	poly(phenylene ether)	聚苯醚
PPS	poly(phenylene sulfide)	聚苯硫醚
PPSU	poly(phenylene sulfone)	聚苯砜
PS	polystyrene	聚苯乙烯
PS-E	Polystyrene, expandable	可发聚苯乙烯
PS-HI	polystyrene, high impact	高抗冲聚苯乙烯
PTFE	polytetrafluoroethylene	聚四氟乙烯
PUR	polyurethane	聚氨酯
PVAC	poly(vinyl acetate)	聚乙酸乙烯酯
PVC	poly(vinyl chloride)	聚氯乙烯
PVF	poly(vinyl fluoride)	聚氟乙烯
PVFM	poly(vinyl formal)	聚乙烯醇缩甲醛
ABS	acrylonitrile-butadiene-styrene plastic	丙烯腈 – 丁二烯 – 苯乙烯塑料
E/P	ethylene-propylene plastic	乙烯 – 丙烯塑料
EVAC	ethylene-vinyl acetate plastic	乙烯 – 乙酸乙烯酯塑料